本书受北京市自然基金项目"针对影视数据的个性化推荐关键技术研究"（项目编号：9164028）和北京联合大学专著出版资助项目资助

U0732740

模糊认知超图与多关系数据挖掘

李　慧　著

中国出版集团公司

现代教育出版社

图书在版编目（CIP）数据

模糊认知超图与多关系数据挖掘/李慧著. -- 北京：
现代教育出版社，2017.7

ISBN 978-7-5106-5568-5

Ⅰ.①模… Ⅱ.①李… Ⅲ.①模糊图象 Ⅳ.
①TP75

中国版本图书馆 CIP 数据核字（2017）第 171681 号

模糊认知超图与多关系数据挖掘

策　　划	庞　强　刘　媛
著　　者	李　慧
责任编辑	刘小华
封面设计	宋晓璐·贝壳悦读

出版发行	现代教育出版社
地　　址	北京市朝阳区安华里 504 号 E 座
邮　　编	100011
电　　话	（010）64244927
传　　真	（010）64251256

印　　刷	北京市金星印务有限公司
开　　本	710mm×1000mm　1/16
印　　张	10.75
字　　数	151 千字
版　　次	2017 年 7 月第 1 版
印　　次	2017 年 7 月第 1 次印刷
书　　号	ISBN 978-7-5106-5568-5
定　　价	38.00 元

版权所有　违者必究

序　言

本书所进行的研究涉及基于模糊认知图的数据挖掘方法研究与多关系数据的知识发现两大新兴领域，属于两个领域的交叉领域研究。本书首先总结了数据挖掘技术，然后对模糊认知超图模型的两大理论基础——模糊认知图和超图进行了说明，尤其对基于模糊认知图的数据挖掘技术的优点与缺陷进行分析；然后将有向超图引入模糊认知图概念中，使用有向超图描述多关系数据中的数据关系；然后在上述两大理论基础之上，建立模糊认知超图挖掘模型（Fuzzy Cognitive Hy-perMap-FCHM），使之满足复杂系统多关系数据源中不同对象间的复杂关系分析；并对模糊认知超图的知识推理方法和数据聚类方法，进行说明；最后将模糊认知超图应用于多关系数据挖掘，对多关系数据进行数据特征分析与描述，尤其是应用于社区网络发现等复杂系统的模型建模与推理中。

本书的主要研究工作可以表示如下：

1. 总结了基于模糊认知图的数据挖掘和知识发现方法，分析了模糊认知图应用于多关系数据挖掘的不足，提出将有向超图引入模糊认知图的方法，结合两者尝试建立模糊认知超图模型（FCHM）。

2. 分析与讨论了模糊认知超图的结构、形式化描述方法和推理机制。论文通过概念集节点之间的关系直观地表现出基于模糊认知超图的因果知识表示，通过网络各概念节点之间的连接关系及其推理模拟对应系统的动态行为，通过在模糊认知超图网络中前向概念节点对后向概念节点的影响关系，实现基于模糊认知超图的知识推理。

3. 在充分分析模糊认知超图特点的基础上，引入了动态因果关系，以图论为理论研究支撑，以模糊认知超图模型的网络结构为研究核心，提出了因果链的求解算法。该算法借助图论中超图的邻接矩阵及可达矩阵的性质以及关系，利用模糊认知超图中概念节点间的可达性，实现对所有因果链的搜索及分析。

4. 针对复杂模糊认知超图，提出了基于强连通和基于频繁项集算法的模糊认知超图分解方法。该方法借鉴软件工程中模块化的思想，将一个包含大量节点且关系复杂的模糊认知超图分解为多个较小的强连通模块；根据模糊认知超图的特点建立分解准则，并在分解准则的指导下，将模糊认知超图分解成相对独立的多个子图。

5. 基于模糊认知超图模型，提出适应于社区发现的层次聚类方法。充分利用模糊认知超图的模型特点和推理机制，通过超边相似性定义和计算实现超边的融合，并通过划分密度来衡量聚类的质量。该层次聚类方法为社会网络中的社区网络发现提供了技术支持。

本书针对模糊认知超图的不同角度和层次进行了一一探讨，首先总结了前人的研究成果，然后对模糊认知超图做了多方面的研究和创新，最后对模糊认知超图技术的研究与发展前景进行了展望。

本书中所提出的主要创新点可以描述如下：

（1）首先分析了模糊认知图和超图的特点，在两者的基础上，提出了模糊认知超图的理论模型，并对模糊认知超图模型进行了结构化分析。

（2）然后在模糊认知超图中，针对概念节点间的因果影响进行分析，并通过关联矩阵的乘积运算，来模拟节点间因果关系影响的传递过程。通过可达矩阵的运算来度量各个超边上节点间的因果影响程度，并基于该度量方法，求解模糊认知超图中的因果链。

（3）针对适用于复杂系统的模糊认知超图，提出了基于强连通理论的模糊认知超图分解算法，并基于频繁项集，对模糊认知超图进行模块化分解。

（4）以社会网络中的社区发现为应用背景，研究了通过模糊认知超图对社会网络的建模方法，提出了基于模糊认知超图的网络层次聚类方法，实现社区网络中的社区发现算法。实验表明，该方法具备便于使用、准确高效的特点。

本书可以作为基于模糊认知超图的数据挖掘研究方面的参考书，还可以作为数据挖掘领域的技术研究人员的提高性参考书，对于图论以及超图方面也具有一定的参考与实用意义。

本书的出版得到了北京市自然基金项目"针对影视数据的个性化推荐关键技术研究"（项目编号：9164028）和北京联合大学专著出版资助项目的资助，在此表示衷心的感谢！本书内容的基础是作者本人前期研究过程中所取得的成果，感谢导师杨炳儒教授对本人的悉心指导，感谢本书作者原博士研究单位北京科技大学计算机与通信工程学院的培养，感谢曾为本书做出贡献的同学、同事、朋友。本书的出版得到了北京联合大学各级领导的关心、支持和帮助，书中参考了国内外许多专家、学者的论著，在此一并致以衷心的感谢。

由于本书所涉及的内容中，一些理论方法和技术还在继续研究之中，由于水平有限，书中错漏之处难免，欢迎读者批评指正。

作者

2017 年 6 月

|目　录|

|图目录|

第一章
数据挖掘技术概论

随着社会的进步和信息技术的发展，信息系统在各行业、各领域快速拓展。系统采集、处理、积累的数据越来越多，数据量增速越来越快，以至于"海量、爆炸性增长"不足以形容数据增长的速度。数据已经渗透到各个行业，如何从大数据中分析并萃取有效信息已经成为亟须解决的问题之一。

数据挖掘是一种通过分析数据从而在大量数据中寻找未知规律的技术，该研究领域在三十余年的发展历程中，众多该领域专家进行了大量的研究工作，在理论和应用两个方面都取得了突破性的进展。但是面对当前越来越复杂的数据内容和系统应用，迫切需要类似于关系模式、数据库管理系统等方面的理论和方法的指导。

需求牵引与市场推动是永恒的，数据挖掘的焦点不再是追求提高传统算法的稳定性与有效性，或算法的时间和空间效率。数据挖掘的环境已经扩展为复杂数据环境，如对文本数据、视频图像数据、声音数据、图形数据以及综合多媒体数据的挖掘。数据挖掘的模型将发展为能够处理比较复杂或结构独特的数据，并且需要一些更新更好的分析和建模的方法。

1.1　数据分析与数据挖掘

数据分析是指用适当的统计分析方法对收集来的大量数据进行分析，提取有用信息和形成结论而对数据加以详细研究和概括总结的过程。这一过程也是质量管理体系的支持过程。在实用中，数据分析可帮助人们做出判断，以便采取适当行动。

数据分析过程的主要活动由识别信息需求、收集数据、分析数据、评价并改进数据分析的有效性组成。典型的数据分析可能包含以下三步：

1. 探索性数据分析：当数据刚取得时，可能杂乱无章，看不出规律，通过作图、造表、用各种形式的方程拟合，计算某些特征量等手段探索规律性的可能形式，即往什么方向和用何种方式去寻找和揭示隐含在数据中的规律性。

2. 模型选定分析：在探索性分析的基础上提出一类或几类可能的模型，然后通过进一步的分析从中挑选一定的模型。

3. 推断分析：通常使用数理统计方法对所定模型或估计的可靠程度和精确程度做出推断。

数据挖掘一般是指从大量的数据中通过算法搜索隐藏于其中的信息的过程。数据挖掘通常与计算机科学有关，并通过统计、在线分析处理、情报检索、机器学习、专家系统（依靠过去的经验法则）和模式识别等诸多方法来实现上述目标。

数据挖掘利用了来自如下一些领域的思想：（1）来自统计学的抽样、估计和假设检验；（2）人工智能、模式识别和机器学习的搜索算法、建模技术和学习理论。数据挖掘也迅速地接纳了来自其他领域的思想，这些领域包括最优化、进化计算、信息论、信号处理、可视化和信息检索。一些其他领域也起到重要的支撑作用。特别地，需要数据库系统提供有效的存储、索引和查询处理支持。源于高性能（并行）计算的技术在处理海量数据集方面常常是重要的。分布式技术也能帮助处理海量数据，并且当数据不能集中到一起处理时更是至关重要。

1.2　复杂系统与多关系网络

　　为了描述现实生活中越来越复杂的关系网络，满足和方便社会网络中的数据挖掘，研究者们构建了大量的系统用来表达对象间的关系以及关系之间的相关程度，如运输、通信、金融、生物信息等系统。生物信息中的神经系统即可以看作是一个大型的复杂关系网络，大量神经元细胞通过神经纤维相互连接而组成一个网络，各个网络节点之间存在错综复杂的多对多关系，类似的网络还有气象系统、社会关系网络等。

　　复杂关系网络系统往往由大量复杂的结构化对象组成，该网络系统由许多"概念节点/顶点"与连接节点之间的"边"组成。其中节点用来表示现实系统中不同的实体、事件，而实体、事件之间的关系则用连接网络节点之间的边来表示。随着网络的规模越来越大，网络中的概念节点越来越多，而概念节点间的连接关系也越来越复杂，复杂的系统甚至可能涉及成千上万个概念节点和非常复杂的概念节点间关系。

1.3　多关系数据挖掘

　　目前的研究中，对社会网络的分析大多是采用静态的网络来模拟，这样难以描述网络的动态变化特征，从而较少进行相关的研究。随着社会网络应用重要性越来越大，对于社会网络群体中的动态交互模式，以及整个网络的人物关系演变轨迹的研究也越来越显示出其意义的重要性[1]，因此，对于社会网络中互动行为的动态性、多变性研究目前也已成为社会网络研究中的难点问题。

以往针对社会网络的研究中，一般使用图论和概率统计方法作为其数学基础，而其中图论恰恰最适合于表示社会网络的结构，对于复杂的社会网络，概念节点间的联系已不仅仅是两概念节点之间的关系或者一对多的关系，还存在一些多对多的关系，因此，传统意义上的图模型已经无法准确地刻画出现实世界中的社会网络特征。

如在论文和作者的关系分析系统中，假如将一位作者作为一个概念点，两位作者发表过同一篇论文作为两位作者概念间存在关系，则在简单的关系网络图中，一条连接两概念节点的边可以表示两位作者之间是否合作，也就是说这两位作者是同一篇论文的共同作者，但一条普通的边却无法表示三位作者或更多的作者一起属于一篇文章的作者[2]。同理，假如将一篇论文作为一个概念点，论文间存在共同作者作为两篇论文概念间存在关系的依据，则简单关系网络图可以使用一条边表示两论文间存在共同作者，但无法表示多篇论文间存在共同作者，或表示多篇论文作者的相似程度。

将所有论文概念点之间的关系进行数据挖掘，可进行研究领域相近或研究内容相关的论文社团发现，或者将所有作者概念点之间的关系进行数据挖掘，可进行有合作关系作者之间的社团发现。

另外，在针对超大规模的社会网络进行建模时，也同样会出现对应该网络的概念节点间相互关系错综复杂的情况，或者在一个网络中出现另一个内含子网络的问题，因此，要准确地描述该大规模社会网络，必须使用一种超越一般网络的超网络来实现。

其次，传统的基于普通图网络的人物关系分析过程只关注行动者之间的相互连接关系，而忽略行动者的自身属性。而在实际应用中，行动者的自身属性对整个网络关系分析过程中的性能以及动态演化也具有极其重要的作用。例如，在社会网络中，财富和地位的不同，也可以推论出此人在整个网络中所起的作用可能是不同的，所以，在具体的社会网络分析中，应该结合"关系数据"和"属性数据"这两类数据进行社会网络发现。因此，要准确地描述该社会网络，需要使社会网络中的数据包含两类，分别是"属性数据"和"关系数据"。

1.4　多关系数据挖掘的特别之处

目前的研究中，对社会网络的分析大多是采用静态的网络来模拟，这样难以描述网络的动态变化特征，从而较少进行相关的研究。随着社会网络应用重要性越来越大，对于社会网络群体中的动态交互模式，以及整个网络的人物关系演变轨迹的研究也越来越显示出其意义的重要性，因此，对于社会网络中互动行为的动态性、多变性研究目前也已成为社会网络研究中的难点问题。

由于在描述社会人物关系的网络所体现出来的多关系、高复杂度等新特征，传统意义上的模糊认知图模型已无法准确地刻画现实世界中的社会网络关系，从而造成当前的社会网络发现过程中，对于节点重要性评估的研究和社区发现准确性的研究出现很大的不足。

本书以常用于动态系统模拟的模糊认知图为理论基础，将超图理论引入到模糊认知图中，使其既进行系统演化计算，又利用超图的多关系特点表现现实社会人物关系网络中的多关系、多属性特点，建立能够准确描述社会网络的模糊认知超图模型，从而更有效地表示社会网络的动态性、复杂性。

在基于模糊认知超图的社区发现应用中，本书在针对社会网络建模的模糊认知超图模型基础上，使用超边作为基本单位设计出一个层次聚类方法，并使用该层次聚类方法实现社区网络中的群体发现，在不提前指定社区数目的条件下，结合模糊认知超图的动态性特征，建立能描述多关系、多属性社会网络的复杂网络模型，综合考虑模糊超图中概念节点的"关系数据"和"属性数据"，准确有效地挖掘出在社会网络模型中的关键节点。为进行社区以及重叠社区的发现提供了一种新的解决思路，对社会网络和多关系网络的数据挖掘和知识发现也具有相应的借鉴意义。

第二章
模糊认知超图的理论基础
——模糊认知图

模糊认知图是一种利用现有知识和专家经验来模拟复杂系统的方法，最初由 Kosko[3]引入。作为一种扩展的认知，为动态系统的建模提供了一种强大的机械能力，模糊认知图的学习功能和特点能够提高它对复杂系统的模拟与计算能力[4]。作为一种知识表示和推理技术，模糊认知图利用接近于人们认知的方式描述一个系统，通过强调因果连接和图的结构来表示知识，同时利用规则[5]的形式将专家知识和从数据中获得的有用知识合并在一起。

模糊认知图模型是很容易理解的模型，甚至不懂技术的人也可以理解，且模型中的每一个参数都有一个可感知的意义[6]。由于其简单性，支持相互矛盾的知识和带环的知识模型和推断，使用这种模型可以用来分析、模拟、测试参数的影响和预测系统的行为。模糊认知图已经应用于多个不同的领域，包括工程[7]、生态管理[8]、医学[9]、商业过程[10−12]、软件工程[13]、经济和管理[14]、环境科学[15]、移动商务投资风险分析[16]、政治领域[17]等。

本章的内容组织如下：（1）首先对模糊认知图概念、分类以及研究的进展进行总结；（2）然后对模糊认知图的学习方法进行陈述；（3）接着对模糊认知图的现状和挑战，尤其是其面对复杂系统分析的方法和所面临的挑战进行重点分析。

2.1　模糊认知图模型

模糊认知图（FCM，Fuzzy Cognitive Map）最早是由美国南加利福尼亚大学的 Bart Kosko[18] 教授提出的，模糊认知图是一个加权有向图，由节点、弧和权值共同表示因果断言，模糊认知图及其相关的概念定义如下：

定义 2-1　模糊认知图

模糊认知图是一个四元组 $G=(C, E, X, f)$，其中 $C=\{c_1, c_2, \cdots, c_N\}$ 是有向图 2.1 中所有节点的集合；N 是有向图中所包括节点的数目；$E:(c_i, c_j) \rightarrow w_{ij}$ 是一个节点到节点的映射关系，c_i，$c_j \in C$，$w_{ij} \in [0, 1]$，w_{ij} 表示节点 c_i 对 c_j 影响的程度；$X: c_i \rightarrow x_i$ 是一个映射，x_i^t 表示节点 c_i 在 t 时刻的系统值；f 是阈值函数，其作用是将数值转换到 $[0, 1]$ 或 $[-1, 1]$ 区间，x_i^t 经阈值函数 f 转换后的数值记为 A_i^t，A_i^t 称为节点 c_i 在 t 时刻的状态值。

定义 2-2　模糊认知图的概念节点

模糊认知图的网络节点称为概念节点，它可以表示所模拟系统中的实体，模糊认知图所模拟系统的所有实体记为 C，c_i 表示 C 中第 i 个概念节点。

如图 2.1 所示，图中所示的模糊认知图中共存在四个概念节点，分别为 c_1，c_2，c_3，c_4。

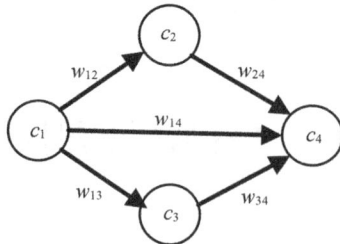

图 2.1　简单模糊认知图

定义 2-3　原因节点与结果节点

在模糊认知图中，对于 C 中的两个不同概念节点 c_i 和 c_j，如果 c_i 系统值 x_i 发生改变，导致 c_j 系统值 x_j 也随之发生变化，即在 c_i 和 c_j 之间具有直接因果关系，则在 G 中存在一条由 c_i 指向 c_j 的有向弧，则称在 c_i 对 c_j 产生影响的因果关系中，概念节点 c_i 为 c_j 的原因节点，概念节点 c_j 为 c_i 的结果节点。

定义 2-4　直接因果关系

在模糊认知图中，对于 C 中的两个不同概念节点 c_i 和 c_j，若 c_i 的状态改变，将直接引起 c_j 的状态发生变化，而不是通过第三方概念节点导致 c_j 系统值 x_j 的改变，则称 c_i 和 c_j 之间存在直接因果关系。

定义 2-5　关系权值

在模糊认知图中，对于 C 中的两个不同概念节点 c_i 和 c_j，若 c_i 和 c_j 之间存在直接因果关系，则用 $[-1, 1]$ 区间的一个数值来描述 c_i 对 c_j 的影响程度，记为 w_{ij}，$w_{ij} \in E$，称 w_{ij} 为概念节点 c_i 到 c_j 的权值。

定义 2-6　关联矩阵

设 $C = \{c_1, c_2, \cdots, c_N\}$ 是模糊认知图中的顶点有限集，其中 N 是该有限集中包含的节点数，在 C 中任意两个概念节点 c_i 和 c_j，有限边集 $E = \{e_{11}, e_{12}, \cdots, e_{1N}, e_{21}, e_{22}, \cdots, e_{2N}, \cdots, e_{N1}, e_{N2}, \cdots, e_{NN}\}$，在 E 中每条弧都会有一个对应权值 w_{ij} 来表示概念节点 c_i 对 c_j

的影响程度，其权值的集合可以用矩阵如公式（2-1）所示，

$$W = \begin{bmatrix} w_{11} & w_{12} & \cdots & w_{1N} \\ w_{21} & w_{22} & \cdots & w_{2N} \\ \cdots & \cdots & \cdots & \cdots \\ w_{N1} & w_{N1} & \cdots & w_{NN} \end{bmatrix} \tag{2-1}$$

该方阵称为模糊认知图的关联矩阵。

2.2 模糊认知图的学习方法

在传统模糊认知图模型的结果中，其拓扑结构定义是一个有序三元组 $U = (C, E, W)$。如图 2.2 所示，在图 2.2 中 $C = \{c_1, c_2, \cdots c_n\}$ 表示该模糊认知图中的所有概念节点的集合；$E = \{\langle c_i, c_j \rangle \mid c_i, c_j \in C\}$ 是该模糊认知图中所有有向弧的集合，在模糊认知图中有向弧可以表示概念节点间的因果关联关系，例如有向弧 $\langle c_i, c_j \rangle$ 表示 c_i 节点与 c_j 节点之间有因果关联，或者说 c_i 节点对 c_j 节点有影响；$W = \{w_{ij} \mid w_{ij}\}$ 表示是有向弧 $\langle c_i, c_j \rangle$ 上的权值定义，如权值 w_{ij} 表示 c_i 节点对 c_j 节点的关联程度或正向影响强度。在权值定义中，若 $w_{ij} > 0$，则表示 c_i 节点对 c_j 节点有正方向的影响，即当 c_i 节点的值增加（或减少）时将引起 c_j 节点值的增加（或减少）；反之，若 $w_{ij} < 0$，则表示 c_i 节点对 c_j 节点有负方向的影响，即当 c_i 节点的值增加（或减少）时将引起 c_j 节点值的减少（或增加）；若 $w_{ij} = 0$，则表明 c_i 节点对 c_j 节点没有影响，此时 c_i 节点与 c_j 节点之间不联边。

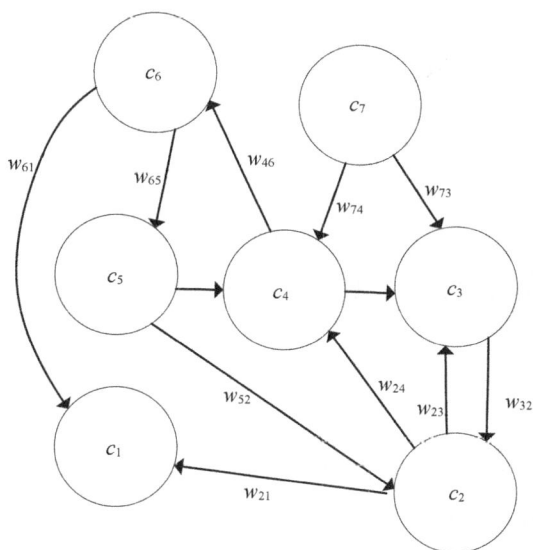

图 2.2 模糊认知图

模糊认知图的边权矩阵为 $n \times n$ 阶矩阵，如公式（2-2）所示：

$$W_U = \begin{pmatrix} L & L & L \\ L & w_{ij} & L \\ L & L & L \end{pmatrix} \qquad (2\text{-}2)$$

在模糊认知图中，每个节点都有一个状态空间，模糊认知图在时间 t 时刻，其状态可以方便地用向量函数 $V_u(t) = (v_{c_1}(t), v_{c_2}(t), \cdots, v_{c_n}(t))$ 来表示。

模糊认知图可以使用如公式（2-3）所示的形式来表示其推理过程的数学模型。

$$v_{c_j}(t+1) = f\left(\sum_{\substack{i \neq j \\ i \in S}} v_{c_i}(t) w_{ij}\right) \qquad (2\text{-}3)$$

在公式（2-3）中，c_i 为原因概念节点，c_j 为结果概念节点，$v_{c_i}(t)$ 为节点 c_i 在 t 时刻的节点状态值，而 $v_{c_j}(t+1)$ 为节点 c_j 在下一时刻即 $t+1$ 时刻的节点状态值，S 为所有与概念节点 c_j 有邻接关系

13

的概念节点的下标集合，f 为阈值函数，该函数可以选用二值、三值或 S 型函数等几种函数。

其中二值阈值函数的定义及计算方法如公式（2-4）所示，

$$f(x) = \begin{cases} 1 & x>0 \\ 0 & x\leqslant 0 \end{cases} \qquad (2\text{-}4)$$

三值阈值函数的定义与计算方法如公式（2-5）所示，

$$f(x) = \begin{cases} -1 & x\leqslant -0.5 \\ 0 & -0.5<x<0.5 \\ 1 & x\geqslant 0.5 \end{cases} \qquad (2\text{-}5)$$

S 型阈值函数的定义及计算方法如公式（2-6）所示，

$$f(x) = \frac{1}{1+e^{-Cx}} \qquad (2\text{-}6)$$

基于模糊认知图的推理过程类似于非线性动力系统的演进过程，其最初的状态空间是由给定的初始条件决定的，在推理过程中，其整个系统的状态通过顶点函数自动传播，顶点函数的设置与选定的阈值函数有关，最终整个模糊认知图网络中各概念节点形成相互作用关系，从而模拟非线性动力系统的动态行为。

在简单模糊认知图模型中，其状态的不动点或极限环即为该模型的终止状态，亦即其平衡状态（Equilibrium State）。假设每个顶点在 $\{0，1\}$ 中取值，则模糊认知图的状态空间为 $\{0，1\}^n$，用 V 表示。

模糊认知图所描述系统的规则存储在其状态空间自身，如果状态保持为一个静态不变的状态可以表示为公式（2-7）

$$V_{k+1} = V_k \qquad (2\text{-}7)$$

其中变量 k 的取值为整数，则称该状态为固定点（Fixed Point），或存在一个周期为 T 的状态序列（$V_{k+T}=V_k$，T 为整数），则称该模糊认知图已进入一个有限环（Limited Circle）。在复杂的模糊认知图中，推理的过程还可能终止于非平衡状态，但在状态序列中存在一个非周期的或"混沌"的吸引子。

为了表示与时间有关的动态系统，Stylios 将时间变量引入到模糊认知图模型中，提出一种能够表示时间状态并具备时间记忆功能的模糊认知图模型，该模型可以用公式（2-8）来表示，

$$v_{c_j}(t+1) = f(\gamma v_{c_j}(t) + \sum_{\substack{i \neq j \\ i \in S}} v_{c_i}(t) w_{ij}) \tag{2-8}$$

其中 γ 为上一时刻状态值对下一时刻状态值的影响因子。

在模糊认知图模型中，概念间因果关系测度的不确定性是通过一个确定性的模糊测度来表示的，在有些应用中，模糊测度甚至可以表示具有布尔性质测度的因果关系。因此，将条件概率引入模糊认知图[19]，提出概率模糊认知图模型 PFCM。

概率模糊认知图的模型可以使用如公式（2-9）所示的形式来表示，在公式（2-9）中，c_i 为原因概念节点，c_j 为结果概念节点，$v_{c_i}(t)$ 为节点 c_i 在 t 时刻的节点状态值，而 $v_{c_j}(t+1)$ 为节点 c_j 在下一时刻即 $t+1$ 时刻的节点状态值，S 为所有与概念节点 c_j 有邻接关系的概念节点的下标集合，f 为阈值函数，$P(w_{ij} \mid v_{c_i}(t))$ 是一个概率函数，用来代替公式（2-8）中的 w_{ij}，实现具有模糊认知图中节点的记忆功能与动态特性。

$$v_{c_j}(t+1) = f(\gamma v_{c_j}(t) + \sum_{\substack{i \neq j \\ i \in S}} v_{c_i}(t) P(w_{ij} \mid v_{c_i}(t))) \tag{2-9}$$

传统模糊认知图模型针对的是简单系统，只是包括若干个概念节点；通过引入记忆、动态特性对模糊认知图模型的改进，也仅是从转换函数的角度对其进行了扩展。

一般来说，模糊认知图的构造方法有两种：人工构造方法和计算构

造方法。在人工构造方法中，模糊认知图模型的初始化过程是基于相关应用领域的专家知识和经验来完成的；在计算构造方法中，模糊认知图模型的初始化过程是从历史数据中学习从而自动或半自动地建立的。

在人工构造方法的建模过程中，模糊认知图模型的建立包括三个步骤：（1）识别问题域内的关键概念；（2）识别这些概念间有无因果关系；（3）估计关系的值。

在人工构造方法中，由于其构造过程过分地依赖专家的主观意识及其领域知识，造成了构建非常困难。由此，以计算为主的模糊认知图学习方法被研究者们进一步展开研究。

通过计算构造方法实现模糊认知图的创建，主要分为两类分支，第一类分支是基于 Hebbian 的学习方式，另一类是基于进化论的学习方式。这两类分支的学习方法的比较如表 2-1 所示。

表 2-1　模糊认知图学习方法比较

Algorithm	Learning goal	Human intervention	Type of data used	Transformation function	Learning type
DHL	Connection matrix	No	Single	N/A	Hebbian
BDA	Connection matrix	No	Single	Binary	Modified Hebbian
NHL	Connection matrix	Yes&No	Single	Continuous	Modified Hebbian
DD-NHL	Connection matrix	Yes&No	Single	Continuous	Modified Hebbian
AHL	Connection matrix	Yes&No	Single	Continuous	Modified Hebbian
GS	Initial vector	No	Multiple	Continuous	Genetic
SA	Connection matrix	No	Single	Continuous	Simulated annealing
RCGA	Connection matrix	No	Single	Continuous	Genetic

Hebbian 所提出的算法通过采用无监督的学习机制加快模型的训练速度，无监督的学习机制首先根据系统初始状态下给定的单样本状态数据，训练存在于模糊认知图中各概念节点间的关联权值，并使关联权值达到稳定状态（固定点状态或有限环状态）。基于学习机制的各种算法间的不同在于调整边权值的方式不同。这种基于无监督学习机制的训练方式不需要大量的计算过程，因此训练速度较快，但它们针对的大多是简单系统，所能产生的模糊认知图也只包括几个概念节点。

遗传算法能将系统节点个数拓展到几十个，因此，研究者们提出了基于遗传算法的学习方法。基于遗传算法的学习方法中，需要的数据必须为时序数据，通过遗传迭代过程模拟系统动态行为，但它们使用的优化技术使得训练时间较长。

除此之外，还有文献[20]采用神经网络梯度下降法的学习思想，在该学习思想中，直接从多样本数据源中进行挖掘，从而建立模糊认知图，但该方法产生的模糊认知图也只包括几个概念节点。

在应用方面，现有模糊认知图的学习算法在数据挖掘中主要应用于分类挖掘。文献[21]针对膀胱肿瘤分级情况，实现了一个 FCM-GT（FCM，Grading Tool），该文献把每个属性包括目标属性作为 FCM 中的一个概念节点，采用非监督的非线性 Hebbian 学习算法对关联权值进行调整。文献[22]在 FCM-GT 基础上提出了一种模糊认知图结合支持向量机（SVM）的分类方法，该方法将模糊认知图与支持向量机结合起来，实现了一种混合的两阶段分类模型，同样在膀胱肿瘤分类的实验中加以应用，相比在准确度上有所提高。

文献[23]提出了一种模糊认知图结合神经网络（NN）实现分类的方法，将模糊认知图与神经网络结合起来，实现了一种混合的两阶段分类模型，该模型采用简单遗传算法，实验结果表明优于神经网络分类。文献[24]根据数据集中数据特征及数据类别间的关系，构造了一类非对称性的模糊认知图 aFCM 分类模型，据此提出了一种基于实数编码遗传算法的挖掘算法，与神经网络方法相比有较高的性能。以上应用主要是利用了模糊认知图能够有效描述概念节点间关系的能力，特别是与其他分类方法（SVM、NN）的结合对简单系统进行了分类应用。

但是，上述算法共同的问题在于，都未对多关系复杂数据进行考虑与分析。

2.3 模糊认知图的领域应用

最近的与模糊认知图相关的研究成果已经涉及很多的研究领域，比如环境、医学、工程、商业、管理、数学、计算机科学等其他的领域。下面针对不同的应用领域及其领域应用特点进行汇总。

（1）行为科学

模糊认知图作为一种技术出现用来模拟社会、政治、战略问题情况，并在一些迫在眉睫的危机中进行决策支持。Andreou et al[25]提出使用基因进化确定神经模糊认知图，这个模型是模糊认知图的扩展，采纳了一种新的战略对每一次每个对应概念的权重进行重新计算。这项新的技术融合了 CN-FCM 和 GA，混合技术的值证明上下文的模型能够反映出 Cyprus 问题政治和战略的复杂性，当然也包括很多不确定性。Andreou et al[26]提出使用演化模糊认知图解决 Cyprus 政治管理危机问题。

急性心肌梗死（Acute Myocardial Infarction，AMI）系统也是模糊认知图的具体应用，它集合了心理和社会学两个方面，系统可以看成一个由一些智能体构成的分布式认知框架，这些智能体能够根据给定时间使用者的认知状态，改变其行为能力。Acampora et al[27] 为AMI 系统的设计引入了一种新的方法，该方法能够利用多智能体范式。同时也引入了一种新颖的模糊认知图拓展理论，这种理论得益于时间自动机理论，目的就是构建一些动态智能体，这些智能体可以使用认知计算定义操作模式。

（2）医学

模糊认知图已被证明在医疗诊断和决策支持方面具备重要的适应性。在医学决策支持任务中，基于模糊认知图的决策方法论包括一个完整的结构用于放疗的治疗计划管理，用于构建特殊语言障碍模型[28]、模拟膀胱瘤和脑瘤的特征[29]，用于肺炎严重程度评估的方法[30]、尿路感染管理模型[31]、家族乳腺癌风险管理[32-33]、临床诊断[34-35]、对 HIV-1 耐药性的预测及其知识发现[36]。

Froelich et al[37] 提出将模糊认知图方法用于挖掘时间医学数据。Rodin[38] 提出了一个模糊影响图，可以通过细胞内的生化路径模拟系统生物学中细胞的行为，该模型常用于多发性骨髓瘤细胞信号识别。

Nassim[39] 的研究目的是利用前列腺癌的临床诊断数据构建模糊认知图，之后再利用这个模型预测病人的健康情况。源于问题状况的需求，提出了一种改进的演化方法用于模糊认知图模型的学习。这种方法的目的是提高长期预测的有效性。这种演化方法已经利用两年的真实的诊断数据进行了实验的验证。最初的试验演化研究是通过对40 个患有前列腺癌的病人案例研究完成的。输入样本和输出样本的误差已经被计算，误差值的降低是提出的长期预测案例方法的解释。

（3）工程领域

在工程领域中模糊认知图有很多的应用，特别是在控制和预测方面，比如模拟和支持植物控制系统。Stylios and Groumpos[40]引入模糊认知图用于模拟复杂系统和控制有监督的控制系统。Papageorgiou et al[30]实现了基于非线性 Hebbian 规则的学习方法训练模糊认知图，并用于模拟工业过程控制的问题。用来构建一个系统用于失败模拟和有效控制、模糊逻辑控制的微调、模拟有监督的控制系统等等。

Kottas et al[41]等提出在 FCN 中平衡点的存在和唯一性相关的基础理论，基于系统操作数据的自适应加权评估、模糊规则的存储机制。

Beeson et al[42]等人提出了一种因式分解的方法用于移动机器人地图建设，这种方法结合了拓扑和测量方法的优势，用来处理不同类型的不确定性。这个框架基于认知地图的计算模型，并允许多个不同本体空间中的强大导航和通信。

（3）经营管理

在经营管理领域，模糊认知图常用于产品计划、生产等方面的决策支持。在风险分析和管理中的挑战性问题是确认风险因素和风险之间的关系。

Jetter et al[43]将模糊前段理念用于新产品开发的思维构思、概念发展和概念演化。这种理念能够帮助管理者处理产品早期研发中遇到的各种各样的问题，管理者可使用系统的方法处理这些问题。这种方法试图识别市场需求、技术潜力，以进行早期阶段想法和产品理念评估。

Yaman and Polat[44]将模糊认知图用于决策支持过程的有效规划，基于充分考虑问题特征方法使用中的约束，提高模型的有效操作。

Kim et al[45]使用模糊认知图和 GA 开发了一种定性和定量分析的混合方法，用来评估 RFID 供应链的前后向分析。Trappey et al[46]使用模糊认知图用来模拟和评估 RFID 逆向物流操作能力的性能。使用 GA 进行推断分析有助于性能推测和决策支持，提高逆向物流的性能。Baykasoglu et al[47]提出了一种使用模糊认知图进行系统分析的方法，用于协同规划、预测、补给支持因素等方面分析。

Lazzerini[48]提出 E-FCM 用来分析风险因素和风险之间的关系。E-FCM 与传统模糊认知图之间的主要区别如下：E-FCM 使用非线性的成员函数、条件权重、时间延迟权重。因此，E-FCM 适合用于风险分析，E-FCM 的所有特征都有信息，能够适合风险分析的需要。Ahmadi[49]提出将 FCM-FAHP 模糊认知图和模糊层次分析法，用于企业资源计划系统中，基于活动的贡献和相互关系使用矩阵将管理分成四个管理区域，有效地分配有限的管理资源。

（4）生产系统

模糊认知图为因素的评估问题提供了一个有效的解决方案，比如评估哪个因素可能会影响操作可靠性，或者在生产系统中调查员工工作的可靠性。

Bertolini et al[50]在生产系统中的可靠性问题，已被看作研究生产过程的方法，该方法能够通过一个或者更多变量的变化测试的结果获得更有用的适应性。Lo Storto[51]提出了一种方法论的框架，在产品需求分析阶段，通过产品开发团队管理模糊方案实现对认知过程的探索。Rosario et al[52]使用模糊认知图分析生态设计策略与 TRIZ 进化趋势之间的定量关系，将这种方法应用到西班牙的陶瓷产品中，使得陶瓷产品在材料选择、设计过程和几何形状设计中更环保。

在计算机视觉方面，需要处理的是从 3D 的场景中获取 2D 的图片。Pajares[53]建立一个普通的模糊认知图框架在 2D 图片的上下文，3D 对象一般是将整个对象中相关的部分连接在一起，模糊认知图适合用于计算机视觉的很多领域，如模式识别、图像变换侦查、立体视觉匹配等。

（5）环境和农业

在农林业系统中，模糊认知图可以帮助使用局部知识模拟农业生态系统中可持续组件的相互作用。Vliet[54]将模糊认知图用于场景的研究中，在场景中模糊认知图作为沟通和学习的工具连接利益相关者和模型。

Tan and Ozesmi[55]将模糊认知图用于生态和环境的管理，用来模拟通用浅水湖泊生态系统。Jayashree et al[56]使用模糊认知图及其学习方法，研究气候变化和气象参数对椰子产量的影响。Rajaram and Das[57]使用模糊认知图预测模拟新西兰旱地生态系统病虫害管理治疗。Kafetzis[58]调查了水的利用和水的利用政策两个独立的案例。在农业方面，模糊认知图用来估计精细农作的棉花生产预测，通过棉花作物生产的参数估计以及连接收益率的定义参数，最终预测精细农作的棉花效益，作为数据基础用于决策支持系统。

（6）信息系统与信息技术

在信息系统和信息技术（IS/IT）项目管理中，模糊认知图有助于成功构造模型。

Lai[59]等分析和总结了常用软件的可用性质量汉字系统，以便找到一个软件可用性故障问题发现和改进。他们使用模糊认知图描述软件质量汉字之间的关系，且给出了一个综合训练算法、语法修剪算法、语义修剪算法和质量关系分析算法的方法。

Froelich and Wakulicz-Deja[60]提出了一种混合的分类器，这种分

类器利用神经网络和模糊认知图提高分类的能力。使用简单的基因算法为不同输入概念的初始状态找到公共权重集。混合分类器平衡不同点。最近，Papakostas et al[61]提出基于 Hebbian 方法用于模式识别，展示了每一种方法的优点和局限。

（7）教育

Laureano et al[62]使用模糊认知图评估教学的过程。模糊认知图控制智能学习系统的诊断过程。这种方法是基于多角度的完整全面的方法（知识、能力、态度、价值）。使用从专家和学习者中获取的认知组件，优化认知的策略用来激活心理过程的认知过程。该方法利用概念图获取专家知识的能力，因此，可以避免基于规则的行为推理的象征性表示。

Pacheco et al[63]将模糊认知图用于工程教育评估。模糊认知图考虑到每个问题所涉及的复杂环境中的每个方面，利用图或者数据当时表示。所提出的模型能够用在任何一个课程、教育制度问题、学术部门等方面。

模糊认知图方法开发有三个阶段。第一，重点在于基于对每一位参与者的完全结构访谈的经验数据建立直观模糊认知图。第二，集合个体模糊认知图合并成一个增大的模糊认知图。第三，涉及提高模糊认知图。这些都基于半结构访谈。文件编码方法和内容分析用来分析经验数据。用来确定因素之间的进一步关系。

2.4　模糊认知图的挑战

模糊认知图作为一种先进的软计算工具，在现实世界的知识表示和系统建模方面具有重大的理论意义和应用价值。传统的模糊认知图模型及其学习算法为模糊认知图的研究与发展提供了基本的解决思路和方法。

为了处理现实世界中复杂系统的建模问题，各类复杂模糊认知图的研究与应用为模糊认知图的研究与发展提供了更广阔的前景。

对于复杂系统来说，其对象或数据大都是以多关系（数据）的形式存在的，直接使用传统的模糊认知图进行表示和处理遇到了很大的困难。而目前这类模糊认知图模型有待深入分析，适于复杂系统的复杂模糊认知图体现了多关系模糊认知图模型的特征，复杂模糊认知图的学习方法及其推理机制也有待深入研究。

面对复杂模糊认知图研究的缺陷，一方面对模糊认知图中多关系的认知机制还待进一步扩展，另一方面最关键的是如何构造出适合于目标系统的模糊认知图，如何直接从多关系数据源中学习模糊认知图，是模糊认知图和多关系数据挖掘发展的迫切要求与必然趋势。

在现实应用系统（数据）日益复杂、模糊认知图研究日益重要的情况下，借鉴现有的模糊认知图模型与挖掘算法，深入研究模拟复杂系统的模糊认知图模型与挖掘算法具有重要的理论意义和应用价值。

第三章
模糊认知超图的理论基础
——超图

Berge 最先提出超图这一概念，并系统论述了超图理论[64]。超图是一种将集合论引入到图论中所形成的普通图的扩展形式，是一种以集合的包含关系为基础的结构，在这个结构中，属性特征相同或者具备相似性的对象被划归一个集合中，存在于不同抽象层次的元素将被划归至不同集合中[65]。

目前随着信息科学技术的快速发展，使超图理论得以在数据库系统、运筹理论，以及网络内容分析等领域被广泛使用[66-69]。

3.1 超图模型

无向超图是超图的一种简单形式。相比无向超图，有向超图对超边增加一个方向属性，也就是说，有向超图是无向超图概念的扩展。

有向超图作为图论的一种，仅仅进行了历史不长的研究，其所取得的研究成果也并不是很多。Giorgio Gallo[70]对有向超图的研究颇深，并对有向超图进行了较为全面的总结，对在其之前的研究者们的成果也进行了概括。在国内的有向超图研究中，黄汝激教授[71]结合电工学的需求，对有向超图进行了描述，并总结了一些相关工作的研究。文献[72]基于有向超图的性质，以及超图附加过程语义，对资源约束下的企业过程进行结构优化。文献[73]基于有向超图理论，对网格环境下任务调度，提出一种基于传统 DAG 有向超图划分的网格任务调度算法 HPGTS。文献[74]对有向超图结构图的概念进行定义，并给出了有向超图可平面性的算法。文献[75]基于有向超图对事件以及事件元素之间的多元有序关系进行了描述，并利用超图模型描述事件不同层级属性及结构，通过计算其相似度实现事件类型的识别。

有向超图通过在每一条边上添加方向，来表示两个顶点之间的逻辑或先后顺序。

定义 3-1　有向超图

有向超图是一个有序二元组 $\langle V, E \rangle$，记作 $\vec{H}$，其中：

(1) $V = \{v_1, v_1, \cdots, v_N\}$ 表示超图 $\vec{H}$ 有 n 个顶点，$V \neq \phi$ 且有限。

(2) $E = \{E_1, E_2, \cdots, E_m\}$ 表示有向超图 $\vec{H}$ 有 m 条超边。对 $\forall E_i \in E$，$i = 1, 2, \cdots, m$ 而言，$E_i = \langle X, Y \rangle$，$X, Y \subseteq V$ 且 $X \cap Y = \phi$，X, Y 为有向超边 E_i 的入点（尾点）集和出点（头点）集，分别记为 $T(E_i)$ 和 $H(E_i)$。

$T(E_i)$ 和 $H(E_i)$ 均是 $E \to P(V)$ 的映射（$P(V)$ 为 V 的幂集）E_i 的度 $\delta(E_i) = |T(E_i)| + |H(E_i)|$。对 $\forall v_i \in V$，$j = 1, 2, \cdots, n$ 而言，v_i 作为有向超边入点（出点）次数之和成为 v_j 的出度（入度），记作 $d^+(v_i)$（$d^-(v_j)$），称 $d^+(v_i) + d^-(v_j)$ 为 v_j 的度，记作 $d(v_j)$。

一个有向超图的例子如图 3-1 所示。

在该图中，整个有向超图所有关联组成的关联集合记作 T。$t(v_j, E_i)$ 表示连接顶点和超边的连接曲线，v_j 到 E_i 的关联，$E_i \cap E_j \neq \phi$，则对 $\forall v_k \in E_i \cap E_j$ 而言，都既存在 v_k 到 E_i，又存在 v_k 到 E_j 的关联。

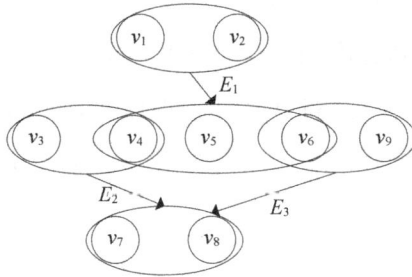

图 3.1　一个简单的有向超图

定义 3-2　关联矩阵

设有向超图 $\vec{H}=\langle V, E\rangle$ 中无环，$V=\{v_1, v_1, \cdots, v_N\}$，$E=\{E_1, E_2, \cdots, E_m\}$，$v_i \in V$，$j=1, 2, \cdots, n$，$E_i \in E$，$i=1, 2, \cdots, m$，令

$$a_{ij}=\begin{cases} 1, & v_j \in T(E_i) \\ -1, & v_j \in T(E_i) \\ 0, & else \end{cases} \quad (3\text{-}1)$$

则称，$(a_{ij})_{m \times n}$ 为 $\vec{H}$ 的关联矩阵，记作 $A(\vec{H})$。在该矩阵中，$a_{ij}=0$ 表示 v_j 到 E_i 无关联。

图 3-1 中所表示的超图的关联矩阵可以表示如下：

$$\vec{H}=\begin{bmatrix} & v_1 & v_2 & v_3 & v_4 & v_5 & v_6 & v_7 & v_8 & v_9 \\ E_1 & -1 & -1 & 0 & 1 & 1 & 1 & 0 & 0 & 0 \\ E_2 & 0 & 0 & -1 & -1 & 0 & 0 & 1 & 1 & 0 \\ E_3 & 0 & 0 & 0 & 0 & 0 & -1 & 1 & 1 & -1 \end{bmatrix}$$

定义 3-3　邻接矩阵

设有向超图 $\vec{H}=\langle V, E\rangle$ 中无环，$V=\{v_1, v_1, \cdots, v_N\}$，$E=$

$\{E_1, E_2, \cdots, E_m\}$，$v_i \in V$，$j = 1, 2, \cdots, n$，$E_i \in E$，$i = 1$，$2, \cdots, m$，表示如公式（3-2）

$$a_{ij} \begin{cases} 1, & v_i \in T(e_{i_q}), v_j \in H(e_{i_q}) \\ -1, & v_i \in H(e_{i_q}), v_j \in T(e_{i_q}) \\ 0, & v_i \in T(e_{i_q}), v_j \in \phi \end{cases} \tag{3-2}$$

则称，$(a_{ij})_{n \times n}$ 为 $\vec{H}$ 的邻接矩阵，记作 $A(\vec{H})$。$a_{ij} = 0$ 表示 v_i 到 v_j 没有邻接关系。$a_{ij} = 1$ 表示 v_i 到 v_j 正向邻接，$a_{ij} = -1$ 表示 v_i 到 v_j 负向邻接。

如图 3.1 所示的有向超图所对应的邻接矩阵可以表示如公式（3-3）：

$$\vec{H} = \begin{bmatrix} 0 & 0 & 0 & 1 & 1 & 1 & 0 & 0 & 0 \\ 0 & 0 & 0 & 1 & 1 & 1 & 0 & 0 & 0 \\ 0 & 0 & 0 & 0 & 0 & 0 & 1 & 1 & 0 \\ 0 & 0 & 0 & 0 & 0 & 0 & 1 & 1 & 0 \\ -1 & -1 & 0 & 0 & 0 & 0 & 0 & 0 & 0 \\ -1 & -1 & 0 & 0 & 0 & 0 & 0 & 0 & 0 \\ 0 & 0 & -1 & -1 & 0 & -1 & 0 & 0 & 0 \\ 0 & 0 & 0 & 0 & 0 & -1 & 0 & 0 & -1 \\ 0 & 0 & 0 & 0 & 0 & 0 & -1 & -1 & 0 \end{bmatrix} \tag{3-3}$$

定义 3-4　子超图

设 $H_1 = \langle V_1, E_1 \rangle$，$H_2 = \langle V_2, E_2 \rangle$ 为两个超图（同为无向或有向图），若 $V_1 \subseteq V_2$ 且 $E_1 \subseteq E_2$，则 H_1 是 H_2 的子超图，H_2 是 H_1 的母超图，记作 $H_1 \subseteq H_2$；若还有 $V_1 = V_2$，则 H_1 是 H_2 的生成子超

图；又若 $V_1 \subset V_2$ 或 $E_1 \subset E_2$，则 H_1 是 H_2 的真子超图。

定义 3-5 有向路径

在有向超图 $\vec{H} = \langle V, E \rangle$ 中，把弧的一个序列 (v_{i1}, v_{i2})，(v_{i2}, v_{i3})，$\cdots$，(v_{ik-1}, v_{ik}) 称为从节点 v_{i1} 到 v_{ik} 的路径，并称 v_{i1} 为路径的起点，v_{ik} 为路径的终点。

定义 3-6 节点可达

在有向超图中，假如从节点 u 到节点 v，通过两节点间的若干中间节点和连接边，形成一条前后贯通的路径，那就可以称节点 u 可达节点 v。

定义 3-7 可达矩阵

设有向超图 $\vec{H} = \langle V, E \rangle$，顶点集 $V = \{v_1, v_2, \cdots, v_n\}$，$\vec{H}$ 的可达矩阵 $P = (p_{ij})_{n \times n}$ 是一个 n 方阵，当 $p_{ij} = 1$ 时，v_i 到 v_j 之间可达，也就是至少有一条路径。

3.2 模糊认知图与超图的结合可能性分析

模糊认知图是一种在有向图的基础上进行加权的形式，其所具有的智能品质主要表现在如下几个方面：（1）相比其他的动态系统模拟工具，模糊认知图更容易进行构建，它能够比较直观地将问题直接表现到图的结构中，并且将图的结果与专家知识之间实现较好的映射关系；（2）由数据驱动进行学习，能够自动提高系统的智能化；（3）模糊认知图的结构中存在反馈机制，可以通过边的传递关系构建复杂动态因果系统，通过路径实现因果关系的反馈，而相比来说，树结构及Maekov 神经网络等传统的图就无法达到这种反馈机制。

模糊认知图具有很多优点，但在实际应用中，比如针对社区发现过程中，仍然有一些缺陷。具体表现为：（1）由于模糊认知图的基础是简单图，每条边只能连接两个点，只能表示两点之间的关系，因此无法将真实世界中的社会网络的特征完整刻画出来。（2）传统模糊认知图一般来说更注重关注行动者间的关系，而倾向于忽略他们自身的属性。但是，在实际应用中，行动者的属性对网络的表达性能、演化过程都有着很重要的作用。

针对大规模复杂社会网络中的多种社会关系、多连接和多层次的特征，超图正好可以作为一种解决该问题的表示方法。

超图是将集合的思想引入普通图的结构中，以集合论和图论为共同继承，把具备共同属性的对象划归至一个集合中，将不同抽象层次归为不同的集合，然后通过集合和普通顶点共同存在的方式，最终实现表现社会网络的多关系、多属性的特点。但是由于超图是一个静态图，因此仍然存在不能表示动态因果系统的性能、演化过程等缺点。

FCM 作为一种先进的软计算工具，在现实世界的知识表示和系统建模方面具有重要的理论意义和应用价值，在针对寻求因果关系的知识发现研究方法中，FCM 可以说是一种占据绝对优势的重要方法。

FCM 的基础是普通图，其每条边的关联结点限制为两个；而在现实世界中，广泛存在着各种各样的多元关系，难以用 FCM 直接表示，这很大程度上制约了 FCM 应用的现实界限。而超图是一种将集合论引入到图论中所形成的普通图的扩展形式，是一种以集合的包含关系为基础的结构，其中属性特征相同或者具备相似性的对象被划归同一集合中，可有效克服 FCM 的局限。

在 FCM 和超图两种表达结构的基础上，将两者有机融合，从而构建模糊认知超图模型。它能表达社会网络的多关系、多属性等特征；能完美保留 FCM 固有的动态性与演化等特性；对构建实用化的社会网络模型具有重要意义。

本书在拓展传统模糊认知图的基础上，以常用于动态系统模拟的模糊认知图为理论基础，与超图理论相融合，使其既进行系统演化计算又利用超图的多关系特点，建立能够准确描述社会网络的模糊认知超图模型。从而更有效地表示社会网络的动态性、复杂性；进行多关系、多属性、有向的数据挖掘；确保挖掘模型及其技术方法上的创新性；其成果可在社区网络应用领域中得以广泛应用。

第四章
模糊认知图的演化模型和算法改进

4.1 模糊认知图的演化模型

模糊认知图由于其计算智能，能有效地解决基于先验知识的自适应行为，已经应用到足够多的领域，但面对一些特定的领域环境，仍然存在一些不适应的情况。为了扩展模糊认知图的适应能力，研究者们针对不同的情况提出了若干演化模型，以解决相应的问题。这些演化模型主要集中在如下几个领域环境中：

（1）针对有专家参与的决策支持领域，提出的演化模型包括：基于规则的模糊认知图（RB-FCM）、模糊灰色认知图（FGCM）、直觉模糊认知图（I-FCM）、合并模糊规则的模糊认知图（FRI-FCM）；

（2）针对高度不确定的更接近于真实世界的复杂系统，提出的演化模型包括模糊灰色认知图（FGCM）和直觉模糊认知图（I-FCM）；

（3）针对动态的领域环境，包括针对时间延迟的应用领域，这些演化模型包括：动态认知网络（DCN）、动态随机模糊认知图（DR-FCM）、模糊认知网络（FCN）、模糊时间认知图（FTCM）；

（4）针对实时系统与控制领域，提出了演化模糊认知图（E-FCM）。

上述这些方法的主要改进可以说明如下。

4.1.1 基于规则的模糊认知图

基于规则的模糊认知图是模糊认知图的一个演化模型，涵盖各种类型的相互关系，而不仅仅是单一的因果关系[76]。RB-FCM 使用反馈表示复杂真实世界定量系统动态性，在系统中为事件之间的作用建模仿真。

RB-FCM 利用模糊机制基于系统行为反馈迭代模糊规则。RB-FCM 的定时和创新方法有不确定传播。RB-FCM 提出了概念节点之间的多种关系比如因果关系、推断、替换、概率、连接等等。此外，RB-FCM 还包括一个新的模糊运算（模糊携带积累）用来构建定量因果关系（模糊因果关系），规则模糊认知图可表示如图 4.1。图 4.1 表示两个节点 c_1 和 c_3，以及两个节点之间的 RB-FCM 关系。c_1 经过模糊规则与解模糊的计算过程可以得到新的节点状态 c_3。

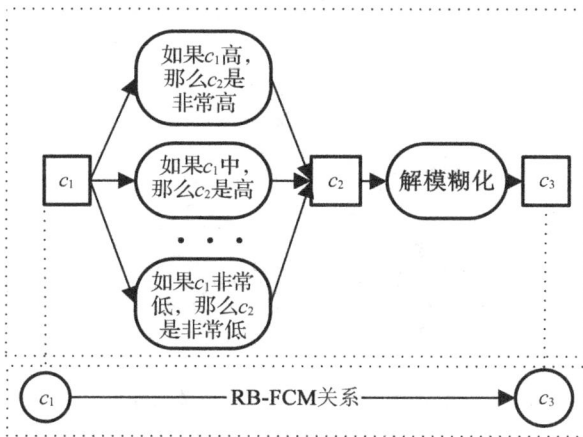

图 4.1 规则模糊认知图

此外，RB-FCM 还用不同的方式表示时间。RB-FCM 的构建者可以通过一个关联程序，区分每个关系中的时间的隐含表示。可见 RB-FCM 可以更完成地表示认知关系。

4.1.2 模糊灰色认知图

模糊灰色认知图（FGCM）基于灰色系统理论，在离散不完整和小数据集中[77]，以模糊认知图为基础的对环境中高度不确定环境的泛化设计。FGCM 节点是变量节点之间的关系通过灰色加权有向边表示。节点 x_i 和 x_j 之间的间隔灰色权重可以用 $\otimes w_{ij} \in \left[\underline{w_{ij}}, \overline{w_{ij}}\right]$ 表示，其中低的底线为 $\underline{w_{ij}}$、高的最大值为 $\overline{w_{ij}}$。FGCM 中的三类关系可表示如图 4.2。$x2$ 和 $x3$ 之间是白色的，$x1$ 和 $x2$ 之间是灰色的，$x1$ 和 $x2$ 之间是黑色的。但是 FCM 仅仅表示的是白色的关系。

FGCMs 表示人类的智慧比模糊认知图要好，因为它比模糊认知图更容易表示模型系统中节点之间不确定的关系和不完整的信息。

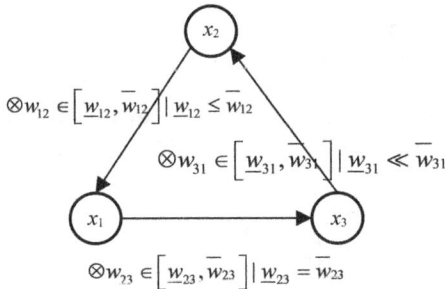

图 4.2　FGCM 中三种相关关系

节点的状态值在不断迭代的过程中具有激活的功能，这用来将单调的灰色节点值映射到一个范围中。模糊灰色认知图的推理过程可以用公式（4-1）表示：

$$\otimes C(t+1)$$
$$= f(C(t) \cdot A\otimes)$$
$$= f(\otimes C^*(t+1))$$
$$= f(\,(\otimes c_1^*(t+1),\, \otimes c_2^*(t+1),\, \cdots,\, \otimes c_n^*(t+1)))$$

$$= (f(\otimes c_1^*(t+1)),\ f(\otimes c_2^*(t+1)),\ \cdots,\ f\ (\otimes c_n^*(t+1)))$$

$$= (\otimes c_1^*(t+1),\ \otimes c_2^*(t+1),\ \cdots,\ \otimes c_n^*(t+1))$$

其中 $A(\otimes)$ 是灰色邻接矩阵，$f(\cdot)$ 是灰色激活函数，$C(t+1)$ 表示第 $t+1$ 时刻概念节点的状态值，$C(t)$ 为第 t 时刻概念节点的状态值。通常，灰色激活函数是一个单极灰色 sigmoid 如公式（4-2）或者灰色双曲切线如公式（4-3）：

$$\otimes w_i\ (t+1) \in \left[\frac{1}{1+e^{-\lambda \cdot \underline{w_i^*}(t+1)}},\ \frac{1}{1+e^{-\lambda \cdot \overline{w_i^*}(t+1)}} \right] \tag{4-2}$$

$$\otimes w_i\ (t+1) \in \left[\frac{e^{\lambda \cdot \underline{w_i^*}(t+1)} - e^{-\lambda \cdot \underline{w_i^*}(t+1)}}{e^{\lambda \cdot \underline{w_i^*}(t+1)} + e^{-\lambda \cdot \underline{w_i^*}(t+1)}},\ \frac{e^{\lambda \cdot \overline{w_i^*}(t+1)} - e^{-\lambda \cdot \overline{w_i^*}(t+1)}}{e^{\lambda \cdot \overline{w_i^*}(t+1)} + e^{\lambda \cdot \overline{w_i^*}(t+1)}} \right]$$

$$\tag{4-3}$$

4.1.3 直觉模糊认知图

模糊认知图模型没有能力解决专家在模型初始设置时的不确定性问题[78]。当在模糊认知图模型的构建过程中，专家对两概念节点间的因果关系存在不确定性时，不同的参数设置将有可能导致完全不同的推理结论。

直觉模糊认知图（I-FCM）将概念节点间的因果关系的支持度引入到模型中，在概念间因果关系设置过程中，利用直觉模糊集（IFS, Intuitionistic Fuzzy Sets）用来处理专家在做出判断时的不确定性程度。I-FCM 的提出对过程控制和决策支持是有效的，它利用直觉理论提高了传统模糊认知图的适应性。在模糊认知图构建过程中，以至于专家构建模型过程中，将专家提出的两个节点之间的因果关系，以及对该因果关系知识的不确定程度同时定义在关系中。IFS 是一个泛化的传统模糊集，IFS 函数是模糊逻辑的值而不是单一的真实值。

I-FCM 有两个演化版本，I-FCM-I 仅仅考虑到两个节点之间的不确定程度的影响，而 I-FCM-II 引入不确定来断定节点的值。I-FCM-II 中一对节点的相关关系可表示为图 4.3，每个节点都含有一个影响权重和一个不确定性权重。

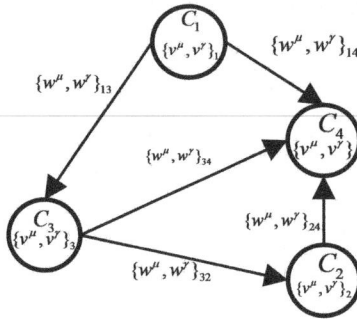

图 4.3 I-FCM-II 中节点的相关关系

元素 x 的不确定程度可以用一个模糊集来表示，该模糊集是如下公式（4-4）定义的：

$$\pi_A(x) = 1 - \mu_A(x) - \gamma_A(x) \tag{4-4}$$

I-FCM-I 的迭代推理过程如下公式（4-5）：

$$c_i(t+1)$$
$$= f((2 \cdot c_i(t+1))$$
$$+ \sum_{i=1}^{n} (2 \cdot c_i(t+1)) \cdot \zeta_{ji} \cdot w_{ji}^{\mu} \cdot (1 - w_{ji}^{\pi})) \tag{4-5}$$

其中 $c_i \in [0, 1]$，$i=1, \cdots, n$ 表示在第 k 次迭代以后节点的真实值，$w_{ji}^{\mu} \in [0, 1]$ 和 $w_{ji}^{\pi} \in [0, 1]$ 表示影响的权重和迟缓的权重。因素 ζ_{ji} 模型是两个相关概念之间的影响符合（正或负）。

I-FCM-II 认为节点 $i=1, \cdots, n$ 通过 IFS 表示语言值变量建模如公式（4-6）：

$$L_n^c = (\langle x, v_i^u(x), v_i^{\gamma}(x) \mid x \in E^+ \rangle) \tag{4-6}$$

4.1.4　动态认知网络

文献[79]提出的动态认知网络，通过定量概念节点，对边引入动态非线性函数来提高模糊认知图的。因此，DCN 能够自然地模拟动态因果过程且有利地执行合理的推断。

DCN 依靠 Laplacian 框架表示因果关系。DCN 构建者需要将模糊知识转换为 Laplacian 函数。每个 DCN 的概念节点都有自己的值集合，依据具体应用类型中的概念取值精确表示。

从这种意义上来看，DCN 比传统的模糊认知图更为灵活且可扩展。一个 DCN 可以看成一个认知图，一个模糊认知图即为一个复杂的非线性系统。DCN 通过量化概念节点状态，为模糊认知图中表达概念节点关联关系的边权重值引入非线性动态函数，提高模糊认知图的可扩展性。

DCN（ΦG）的一组值是（$\Phi v \in G$）空间的产品空间，其中 Φv 是空间的概念包含在 G 中，定义如公式（4-7）所示：

$$\Phi_G = \prod_{v \in G} \Phi_v$$
$$= \{ x \mid x = (x_1, \cdots, x_n)^T, x_i \in \Phi_{vi} \, i = 1, \cdots, n \} \quad (4\text{-}7)$$

其中 G 是一个 DCN 图表示的邻接矩阵。每一个 DCN 概念节点依据其属性有自己的值集合，概念节点的一组属性值是排序好的集合，可以用 Φ_v 表示，集合中的每一个元素是概念节点可能的状态。

4.1.5　动态随机模糊认知图

动态随机模糊认知图提出的主要目的是关注于动态因果关系，它对传统模糊认知图的提高主要通过两方面，一是利用节点激活的可能性，二是在推断过程中引入非线性动态函数[80]。在动态随机模糊认知图中，边的权重是在模糊认知图动态适应新条件的过程中主动更新的。动态随机模糊认知图认为系统的在线适应过程更容易描述真实的系统。

动态随机模糊认知图中节点的状态（激活给点一个概念 c_i 的概率）计算如公式（4-8）：

$$p_j = \min \{\varphi_j^+, \ \max \{r_i, \ \varphi_j^-\}\}$$
$$\varphi_j^+ = \max_{i=1\cdots n} \{\min \{q_i, \ w_{ij}^+\}\}$$
$$\varphi_j^- = \max_{i=1\cdots n} \{\min \{q_i, \ w_{ij}^-\}\} \tag{4-8}$$
$$\gamma_j = \max_{i=1\cdots n} \{w_{ij}^+, \ w_{ij}^-\}$$

其中，γ_j 是射速，w_{ij} 表示节点 c_i 对节点 c_j 的影响程度。如果两个节点之间的关系是有方向的，那么 $w_{ij}^+ > 0$ 且 $w_{ij}^- = 0$。另外一种情况，如果与前者的关系是相反的，那么 $w_{ij}^- > 0$ 且 $w_{ij}^+ = 0$。最后，如果两者之间没有关系，那么 $w_{ij}^+ = w_{ij}^- = 0$。

4.1.6 模糊认知网络

模糊认知网络是模糊认知图的一个扩展[81]。边的权重在每一次迭代中主动进行更新，以获得更快、更平稳的收敛。FCN 采用一个连续可微的 sigmoid 激活函数，并总是能达到收敛。

FCN 的邻接矩阵是从系统的历史数据中抽取出来的，并且，FCN 能够与系统模型实现连续的相互作用。FCN 的贡献是提出了一个更新机制，并依次从真实世界中的系统中获得反馈，以及通过与系统的连续相互作用中获得反馈。其模型表示为图 4.4。专家提供 FCN 所需要的相关结构和初始权重信息，所需要的值可以用系统的目标值表示。

图 4.4 模糊认知网络的交互操作过程

FCN 的更新过程需要结合现实世界中对节点状态的反馈。在 FCN 中所采用的更新规则是基于传统的 δ 规则，该规则可描述如公式 (4-9)：

$$\delta_j(k) = c_j^{system}(k) - c_j^{FCM}(k)$$
$$= c_j^{system}(k)$$
$$- (1 + e^{(\sum_{i=1, i \neq j}^n c_j^{system}(k) \cdot w_{ij}(k) + c_j^{system}(k))})^{-1} \quad (4-9)$$

权重更新过程可表示为公式 (4-10)：

$$w_{ij}(k)$$
$$= w_{ij}(k-1)$$
$$+ a \cdot \delta_j(k-1) \cdot (1 - \delta_j(k-1)) \cdot c_j^{FCM}(k-1) \quad (4-10)$$

其中 α 是学习率，$\delta_j(k)$ 是第 k 次迭代的错误，通常设置 $\alpha = 0.1$，$c_i^{FCM}(k)$ 表示 i 对模糊认知图在第 k 次迭代的反应，当节点从系统反馈中获取状态值的时候。

4.1.7 模糊时间认知图

FTCM 是模糊认知图的一个扩展，在节点边中包含时间[82]。FTCM 能够模拟前突和后突之间的影响的延迟。一对节点的关系有两个值——传统的权重和时间间隔，可表示为公式 (4-11)：

$$\varpi = \{w_{ij}, t_{ij}\} \mid t_{ij} \geq 1 \quad (4-11)$$

FTCM 引入虚拟节点用于值保存，将时间间隔转换成单位时间，这种转换方式可以用图 4.5 来表示。上面表示 FTCM 时间延迟，下面表示利用虚节点将延迟转换到单位时间上。此外，系统还可以对比 FTCM 动态模型和传统模糊认知图的结果，用来分析时间延迟对系统的影响。

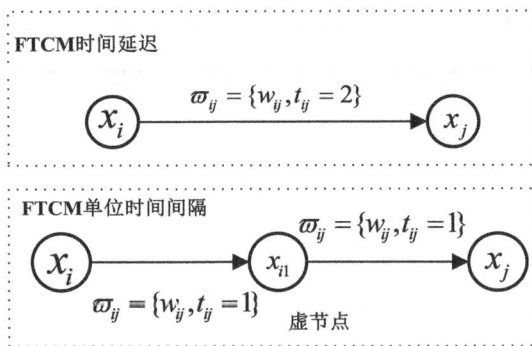

图 4.5　FTCM 时间延迟与在虚节点中单位时间转换

4.1.8　演化模糊认知图

演化模糊认知图（E-FCM）能够模拟模糊认知图中的概念节点的实时状态[83]。E-FCM 使用检查机制用来模拟上下文中复杂的动态因果关系。E-FCM 模拟每个暂时状态值，在模糊认知图的演化运行过程中，该暂时状态值也称为演化状态。

概念节点的状态演化过程，需要基于模糊认知图模型的内部状态、外部联系，有时还需要考虑外部因果关系。在有些可能的情况下，概念节点能够以异步的方式来更新其内部状态。E-FCM 对每一个节点有不同的更新时间表，每个节点根据时间表异步更新其状态。最终，节点能够以动态和概率的方式进行更新。

演化模糊认知图中的因果关系 E，一般用来表示两个节点之间的因果联系和因果关系的影响强度。演化模糊认知图中，对系统的不确定模糊和随机性的描述可用公式（4-12）表示：

$$E = \begin{bmatrix} W, & S, & P_m \end{bmatrix} \tag{4-12}$$

其中 W 是关系矢量权重，S 是带符号的因果关系矢量，P 是因果边的概率矢量，P_m 是边的数量。E-FCM 因果权重是能够计算的，作为输入（突触前节点改变）输出（突触后节点改变）数据的统计相关性。因果权重可表示为公式（4-13）：

$$w_{ij} = \frac{Cov\ (c_i,\ c_j)}{\sqrt{\mathrm{var}(c_i) \cdot \mathrm{var}(c_j)}} \tag{4-13}$$

其中，$\mathrm{var}\ (c_i)$ 是节点 c_i 状态变化的方差，$Cov(c_i,\ c_j)$ 是节点 c_i 和节点 c_j 状态变化的协方差。其中规则更新的可用计算公式（4-14）表示：

$$\Delta c_i(t + T) = f(k_1 \cdot \sum_{j=0}^{n} \Delta c_i(t) \cdot w_{ij} + k_2 \cdot \Delta c_i(t))$$

$$c_i(t + T) = \Delta c_i(t) + \Delta c_i(t + T) \tag{4-14}$$

其中 T 是时间，用来更新节点 i 的值（演化时间表），$k1$ 和 $k2$ 是两个加权常数。

E-FCM 可以为每个节点提供不同的更新时间表，可以异步更新概念的状态。结果表明，概念节点可以以动态和概率的方式进行演化。

4.1.9　合并模糊规则的模糊认知图

合并规则的模糊认知图（FRI-FCM）是对传统模糊认知图的扩展[84]，该扩展模型继承了 RB-FCM 中基于规则的表示方法，将传统模糊认知图的因果机制转换成 IF-THEN 模糊集合。这种模型在联系观点下描述系统，继承了 RB-FCM 在模拟系统中的因果表示方式。

FRI-FCM 是一个四层模糊神经网络，与传统模糊认知图相比，这种设计能够提高从原始数据中自动识别成员函数和量化因果关系的能力。

FRI-FCM 使用潜在的输入矢量状态的多维数据[85]，避免当输入数据的维数增加时带来的模糊规则激活能力降低的问题。

4.1.10 模糊认知图拓展比较

表 4.1 展示了每一种模糊认知图模型方法以及在其应用领域的优缺点，在决策支持上是有意义的。在这个意义上来说，我们提出了几个领域类型，结果是 DCN，DRFCM，FCN 和 FTCM 适用于动态环境中且可以容忍时间延迟；FGCM 和 iFCM 更适用于具有不确定性的真实世界。对于专家决策领域更适合用规则 RB-FCM，FGCM，iF-CM 和 FRI-FCM，实时系统和控制领域最好的选择方法是 E-FCM。

表 4.1 模糊认知图拓展比较

模糊认知图拓展	优 点	缺 点	适用领域
基于规则的模糊认知图（RB-FCM）	包含规则	推理复杂	面向专家决策领域
模糊灰色认知图（FGCM）	包括模型的不确定性	建模要求高	极端不确定环境中
直觉模糊认知图（iFCM）	包括模型的不确定性	建模要求高	极端不确定环境中
动态认知网络（DCN）	非线性动态函数	建模要求高	不确定性和有时间延迟的动态系统
动态随机模糊认知图（DRFCM）	非线性动态函数	推理复杂	不确定性和有时间延迟的动态系统
模糊认知网络（FCN）	收敛更快更平稳	推理复杂	不确定性和有时间延迟的动态系统
模糊时间认知图（FTCM）	可表示时间延迟	非静态分析	不确定性和有时间延迟的动态系统

模糊认知图拓展	优 点	缺 点	适用领域
演化模糊认知图 （E-FCM）	实时仿真、动态变量、 不同时间更新	建模要求高 推理复杂	实时系统和控制
合并模糊规则的模糊 认知图（FRI-FCM）	包含模糊规则	神经网络拓扑结构	面向专家决策领域

4.2 模糊认知图的学习算法改进

模糊认知图的学习算法主要是基于专家干预或者有效的历史数据，对学习邻接矩阵 E 中的数据进行修改，以此来修改模糊认知图中表达的因果关系（边）和边的关联程度（权重）。大部分的学习算法用于模糊认知图的模型与优化，这些算法利用专家的知识和历史数据改变权重矩阵，通过训练系统问题特征生成模糊认知图模型。在演化计算技术情况下，往往会基于误差和花费最小化或者适应度函数对模糊认知图进行设计。

根据学习过程中依赖的知识类型，可以把学习的技术分为三类：基于 Hebbian 的学习算法、基于人群的学习算法、混合型（组合基于 Hebbian 和演化类型混合）的学习算法。文献[86]最近对算法进行了一个综述型的比较，文中对算法的主要特征进行了描述，且给出了每一种算法的适用领域。接下来分别描述这三种方法。

4.2.1 基于 Hebbian 的学习方法

Dickerson 和 Kosko 基于 Hebbian 理论[87]提出了简单微分 Hebbian 学习算法（Differential Hebbian Learning，DHL）[88]。在 DHL

学习算法中，权重的值通过迭代更新获取直到找到适合的结构为止。一般地，当模糊认知图中的概念值改变时，邻接矩阵中权重值才会发生改变。这种学习算法的缺点是在一对概念节点间的关系权重更新时，只考虑这两个概念节点的值，而忽略了其他概念节点对该关系权重的影响。

文献[89]中 Huerga 提出了一个改进的 DHL 算法，命名为平衡微分算法（Balanced Differential Algorithm，BDA）。这种算法中权重的更新是基于同一时间内所有概念节点的改变实现的，从而消除了 DHL 中忽略其他概念节点影响的局限性。更具体地说，如果在同一次迭代中所有值的改变都会产生相应的影响。然而，Huerga 将这种学习算法往往只用于二进制的模糊认知图中，限制了其应用的领域。

Papageorgiou[90] 提出了两种非监督的基于 Hebbian 的学习算法，分别为激活 Hebbian 学习算法（Active Hebbian Learning，AHL）和非线性 Hebbian 算法（Nonlinear Hebbian Learning，NHL），这两种算法能够重复调整模糊认知图的权重，且可以实现基于专家干预的学习过程[91]。在 NHL 方法中，专家可以给出直接连接的节点，只有选定边的值在学习中可以发生改变。

在 AHL 方法中，专家必须指定一个概念节点的需求集合、初始结构以及概念节点的激活顺序。该方法使用一个基于 Hebbian 学习的七步 AHL 迭代处理过程调整边权重值，直至达到预定义的停止阈值。

Stach and coworkers[92] 提出了 DD-NHL（Data-Driven Nonlinear Hebbian Learning）方法，该方法与 NHL 使用相同的学习原则，但它能够借助历史数据（实际系统的模拟数据）和输出/决策的概念来提高学习质量，实验表明 DD-NHL 能够学习得到更佳的 FCM 模型。

4.2.2　基于群体的学习方法

在基于群体的学习算法中，评估整个邻接矩阵 E，可以不依赖于专家知识，而是采用历史数据、相应的学习算法或者优化算法来代替。这种基于群体的算法中，一般来说能够找到可以模拟输入数据的模型。目前在基于群体的算法中，用来训练模糊认知图的方法包括：自动演化策略[93]、遗传算法[94]、基于实数编码的遗传算法[95]、群体智能[96]、混沌模拟退火算法[97]、搜寻法[98]、游戏式学习[99]等。基于群体的学习算法因为其能够从多显性响应序列学习模糊认知图的能力，从而得到了广泛的应用。且这种算法能够预测时间序列，用于分类识别、模拟混沌行为、模拟虚拟的演化系统等等。

在上述算法中，蚁群优化（Ant Colony Optimization，ACO）算法能够从多观察反应序列中学习模糊认知图模型。模拟实验表明基于模糊认知图学习的蚁群优化算法至少能够学习 40 个概念节点的模糊认知图。蚁群优化通过实验跟其他的方法进行了比较，比较结果表明与 RCGA、NHL、DD-NHL 算法相比，蚁群优化算法在多反应序列学习过程中的模型误差和均值测量方面要更好。

细胞自动演化机制可以用来学习模糊认知图的邻接矩阵。一维细胞用来自动编码权重参数，细胞的状态值在［0，1］范围，内容可以在细胞空间中选择。为了对最优方向有效性的引导和对收敛速度的提高，在算法中增加了一个突变操作。这种方法可以用来模拟短期股票预测，通过实验分析，系统的误差是随机变动的，这种变动可认为 CA 演化算法没有收敛性。

文献[100]给出了一种被称为集成学习的学习方法，这种学习方法继承了集成的主要思想，是一种使用非线性 Hebbian 学习算法建模的方法，且加大使用集成技术可以增强其性能。模糊认知图集成是利用已知的知识和有效的数据驱动 NHL 算法学习模糊认知图。新的模糊认知图集成方法，利用案例研究关于孤独症的识别，结果表明这种方法的结果精确度比单独 NHL 学习方法更高。

4.2.3 混合学习方法

每一种学习方法都有它的优点和局限，每一种学习方法都是依据有用的数据和知识适应具体类型的问题。Papageorgiou[9] 和她的团队第一次提出混合学习方法的概念，这种混合方法组合了 Hebbian 和不同演化算法，且展示了用于决策支持的实际应用。

在模糊认知图的混合学习方法论中，学习的目的是基于初始经验和历史数据两个过程中改变或更新权重矩阵。比如基于 Hebbian 函数和基于群体的学习算法，即可以继承两种算法的优缺点，用来克服两种计算方法融合时形成的少量的限制。因此，混合算法在模拟复杂系统和演化系统操作中具有优势。

Ren 在文献[101]中提出了一种组合 NHL 和扩展的大洪水算法的混合模糊认知图学习算法，这种混合学习算法拥有 NHL 的有效性和 EGDA 算法的全局优化能力。模糊认知图一开始使用 NHL 训练，目的是为了获取接近最优结构的权重集合，接着选择使用 EGDA 模型用于误差最小。

文献[102]中由 Zhang 提出另外一种使用组合 RCGA 和 NHL 算法的混合学习算法，用来研究伴侣选择的问题。这种算法继承了 RCGA 人群算法和 NHL 类型学习算法的主要特征，组合了专家和数据输入。

第五章

模糊认知超图的结构与表示

随着社会的发展，信息系统积累的数据越来越多，实体对象之间存在着错综复杂的关系，形成了许多大规模的复杂系统。

在社会网络的研究中，社会网络所表现出来的社会关系越来越复杂，而针对社会网络的研究也变得越来越深入，社会网络的研究过程中要考虑多种社会关系。传统的社会网络研究中，图论和概率统计这两种理论是其重要的数学基础，其中图论的理论为针对社会网络的数据挖掘提供了网络的表示形式[103]。

但在针对真实世界社会网络的描述中，传统的图模型已经不能满足其应用，特别是无法满足表达网络多连接和多层次的特性的需求。因果关系是现实世界中非常重要的关系之一，对于现实世界中的事物之间的因果关系的研究和知识发现有着重大的意义。而在针对寻求因果关系的知识发现研究方法中，模糊认知图可以说是一种占据绝对地位的重要方法。

但是，模糊认知图的基础是普通图，模糊认知图中的每条边的关联结点限制为两个，而在现实世界中，广泛存在着各种各样的多元关系，难以用模糊认知图直接表示，这很大程度上限制了模糊认知图的表达能力。

模糊认知图是一种用于表示和研究动态系统非常方便的方法，可以通过模糊认知图的关系传递展现网络所表示系统的动态演化过程，但在模糊认知图中，每一条边只能关联两个节点，这就限定了模糊认知图只能表达事物之间的二元关系，限制了模糊认知图的表达能力，对于社会网络这种多关系的复杂系统不能完全刻画。超图的基础是图论和集合论，可以表示多关系、多属性的网络语义，但是对于网络的动态演化过程又表现不足。

因此，本章在模糊认知图和超图两种表达结构的基础上，将有向超图的概念引入到模糊认知图中，从而构建模糊认知超图模型。在模糊认知超图模型中，每一条边能连接多个节点，这样就能表达社会网络的多关系、多属性的数据，并且能将模糊认知图原有的动态性与演化特性完美保留下来。模糊认知超图模型的建立，对构建可使用的社会网络模型具有重要的意义。

5.1 模糊认知超图的结构

一个模糊认知超图模型，是由若干个节点以及连接节点之间的超边组成的。假定在一个模糊认知超图模型中，存在 n 个节点，则其中每一节点都可以表示一个概念，称之为概念节点。概念节点可以表示系统中的事件、目标等，每一个概念可通过节点的状态来刻画所描述事物的属性。模糊认知超图模型中的超边是连接各节点间的有向弧，这个有向弧可以同时连接两个、三个或三个以上的节点，通过超边可以表示各概念节点之间的关系。简单的模糊认知超图的模型如图 5.1 所示。

模糊认知超图是对模糊认知图和有向超图的结合和扩充。它基于元图（Metagraph）结构[104-105]，与传统的模糊认知图结构的最大不同在于模糊认知超图描述的是节点的集合，而非单一节点之间的关系。

FCHM 通过有向超图中的超边连接形式，表示模糊反馈动力系统

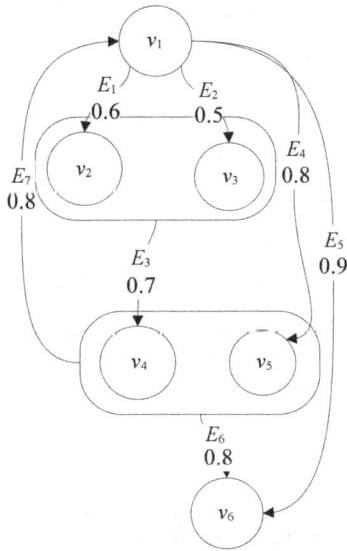

图 5.1 一个简单的模糊认知超图

中的概念及概念间的关系。与模糊认知图的定义不同的是，FCHM 的基础图是有向超图，在 FCHM 中节点可以是多个节点的集合。

节点的集合性有利于 FCHM 表达集合之间的有向关系，而这种集合间的有向关系普遍存在于模糊系统中。

在模糊认知超图所能表达的事物之间的关系中，因果关系是很重要的一类关系。假如通过超边来表示概念节点之间的因果关系，则一般通过存在于超边上的权值来表示因果影响的强度。

在 FCHM 中，概念节点之间的因果关系的影响程度可用一个模糊值表示，该模糊值的取值范围为 [0，1]，有很多情况下，因果关系的影响程度也可使用自然语言来描述，比如使用弱、中等、强、很强等几个模糊值。

在模糊认知超图的推理机制中，可以使用一个矩阵来表达模糊认知图中的各个概念节点之间的连接关系。假如一个模糊认知超图中有 n

个概念节点，则可用一个 $n \times n$ 阶矩阵 $W = (w_{ij})_{n \times n}$ 来确定各个节点间的连接关系。

例如，图 5.1 所示的 FCHM，它的邻接矩阵如（5-1）所示：

$$S = \begin{bmatrix} w_{11} & w_{12} & 0 & 0 & 0 & 0 \\ w_{21} & w_{22} & w_{23} & 0 & w_{25} & 0 \\ 0 & 0 & w_{33} & w_{34} & 0 & 0 \\ w_{41} & w_{42} & 0 & 0 & w_{45} & w_{46} \\ 0 & w_{52} & 0 & 0 & w_{54} & w_{55} \\ w_{61} & w_{62} & 0 & 0 & 0 & 0 \end{bmatrix} \tag{5-1}$$

5.2 模糊认知超图的形式化表示

FCHM 是一个四元组，FCHM $= \langle V, E, A, f \rangle$，其中：

$V = \{v_1, v_1, \cdots, v_N\}$，$v_i \in V$，$j = 1, 2, \cdots, n$ 是构成有向超图的顶点的节点集。$E = \{E_1, E_2, \cdots, E_m\}$，$E_i \in E$，$i = 1, 2, \cdots, m$，为超边集，用 W_{ij} 表示节点 v_i 到 v_j 的因果影响程度。

$A: v_i \rightarrow a_i$ 是一个映射，A_i^t 表示 t 时刻第 i 个概念节点 v_i 的状态值。$A(t) = [a_1(t), a_2(t), \cdots, a_n(t)]^T$ 表示 FCHM 在 t 时刻的状态，如公式（5-2）所示：

$$A_i^{(t+1)} = f(A_i^t + \sum_{j=1, j \neq i}^{n} A_i^t w_{ji}) \tag{5-2}$$

f 是变换函数（阈值函数），其作用是将 $A_i^t + \sum_{j=1, j \neq i}^{N} w_{ji}$ 的结果和系统中的各个概念节点的属性值或者设定的状态值变换到一个给定的区间内，一般来说会选定 $[0, 1]$ 或 $[-1, 1]$ 区间。

在实际使用中，经常被选用的变换函数一般来说有如下几种：

（1）二值函数常用于表达只有正向影响关系的系统，其变换方法如公式（5-3）所示：

$$f(x) = \begin{cases} 0 & x \leqslant 0 \\ 1 & x > 0 \end{cases} \tag{5-3}$$

（2）三值函数常用于表达有正反双向影响关系的系统，表达如公式（5-4）所示：

$$f(x) = \begin{cases} 1 & x \geqslant 0.5 \\ 0 & -0.5 < x < 0.5 \\ -1 & x \leqslant -0.5 \end{cases} \tag{5-4}$$

（3）Logistic 函数如公式（5-5）所示：

$$f(x) = \frac{1}{1 + e^{-cx}} \tag{5-5}$$

其中 c 是一个参数，它决定曲线的斜度。

（4）S 型曲线函数如公式（5-6）所示：

$$f(x) = \frac{e^{2x} - 1}{e^{2x} + 1} \tag{5-6}$$

（5）双曲线正切函数如公式（5-7）所示：

$$f(x) = \tanh(x) \tag{5-7}$$

二值函数公式最终会将 x 值映射到 $\{0, 1\}$ 集合中。三值函数一般选用 Logistic 函数或 S 型曲线函数，最终变换的结果会取 $[0, 1]$ 或 $[-1, 1]$ 区间的任意值，使用这两类函数的模糊认知超图不仅能表现概念节点的自身属性或状态值的变化规律，还能表现属性或状态变化的程度。

模糊认知超图除了能使用概念节点的质量来表示所表达系统中事物的属性或状态值外，还能使用超边表达系统中各概念节点之间的相互关联关系或相互影响。

为了方便计算，FCHM 除了可以使用有向超图的图形化表示之外，也可以使用方阵来表示以方便计算，即邻接矩阵 W。

在 FCHM 的邻接矩阵中，一个具有 n 个节点的模糊认知超图可以用一个 $n \times n$ 的矩阵来表示，每个概念节点对应着一行和一列，邻接矩阵中的数值表示行和列所对应节点之间的权值。邻接矩阵的主要功能就是用来判断是否有一条边将行元素连接到列元素。

模糊认知超图通过概念节点表达事物自身，通过超图表示事物之间的连接关系，在概念节点之间，通过超边的连接权值将自身状态输出并传给与之相连的节点，并接受与其相连节点传递的因果影响。通过各个步骤中的概念节点状态值的变化，使系统能够模拟真实世界。

5.3　模糊认知超图中的最短路径

Berge. C 给出了有向超图中路径的概念：有向超图中的路径是一个顶点与超边交错的序列。该路径的概念可直接应用于模糊认知超图，即模糊认知超图中路径的概念：模糊认知超图中的路径是一个顶点与超边交错的序列。但在模糊认知超图中当表示某种正向因果关系时，头顶的与尾顶点为顺序关系，而当头顶的和尾顶点为逆向顺序时即表示负的因果关系。所以在模糊认知超图中，可以用顶点和同向的交错超边的序列来表示路径。

定义 5-1　模糊认知超图回路

在 FCHM 中，顶点与超弧边的交错序列 $\Gamma = v_{i0}$，e_{j1}，v_{i1}，e_{j2}，$\cdots$，

e_{jk}，v_{ik} 称为顶点 v_{i0} 到顶点 v_{ik} 的通路。其中 $e_{jr} = (v_{ir-1}, v_{ir})$ 是 FCHM 的超弧边，v_{ir-1}，v_{ir} 分别为 e_{jr} 的起点和终点，$r = 1$，2，$\cdots$，k，v_{i0}，v_{ik} 分别称为 Γ 的起点和终点，Γ 中的超弧边数 k 称为 Γ 的长度，若 $v_{i0} = v_{ik}$，则称通路 Γ 为回路。

在模糊认知超图认知与推理演化过程中，最短路径以及最短超路径是其中非常重要的内容结构，Giorgio[106]针对无向超图，提出了在无向超图中的最短路径问题，Angelica[107]讨论了网络中的超路径问题。针对模糊认知超图中的最短路径问题研究，也是针对模糊认知超图认知学习的基础。

5.4 模糊认知超图的最短路径算法

针对无向超图的有向路径或无向路径的求解，在图论中都有一些比较好的算法，下面介绍的算法是对 Floyd 算法的一种推广。

该算法针对模糊认知超图的邻接矩阵进行计算，无向超图中的路径概念可以用顶点和超边之间的交错序列 $(v_1, e_1, v_2, e_2, \cdots, v_q, e_{q+1})$ 表示。路径中的顶点都是互不相同的，路径中所包含的超边也都是互不相同的。假如对超图中的每一超边都赋给一个权值 $w(e_j)$，那么即可获得模糊认知超图中的任意两顶点间的路径权值。如（5-8）所示：

$$w(v_1 - v_{q+1}) = \sum_{j=1}^{q} w(e_j) \tag{5-8}$$

在公式（5-8）中，v_i，v_j 的所有路径中权值最小的路径称为 v_i，v_j 之间的最短路径。

定义 5-2 超图直径

超图直径为超图中任意两个顶点之间的最短路径的最大值。可以表示如（5-9）所示：

$$d_H = \max_{v_i,v_j \in V} \{ \min w \ (v_i - v_j) \} \tag{5-9}$$

由定义 5-2 可以看出，如果求超图的路径，首先求得任意两个顶点之间的最短路径。如果使用 Dijkstra 的推广算法，依次对超图中的每个顶点进行计算，可以得到最短路径，但是该算法运算量很大。

Dijkstr 算法是在普通图中常用的求解最短路径的算法，而扩展 Dijkstr 算法是一种可以应用于模糊认知超图中求解最短路径的算法，该算法的时间复杂度为 $O \ (m\log^n + size \ (H))$。在模糊认知超图中求解最短路径的问题，可以看作是一个在模糊认知超图的所有生成树中寻找最小支撑树的问题，也可以看作是对超图中的最短超树中的所有顶点的一个有效次序排列问题。

基于这种情况，本书提出了一种 Floyd 的推广算法，并将这种算法应用到模糊认知超图中，使用这种算法可以直接求得模糊认知超图中任意两个顶点之间的最短路径。这种算法减小了计算量，引入模糊认知超图的权重矩阵。

FCHM 的权重矩阵 $W = (w_{ij})n \times n$，其中

（1）如果邻接矩阵 A 中 $a_{ij} = 1$，即 v_i，v_j 在 FCHM 中相邻，v_i，$v_j \in e_k$，则 $w_{ij} = w(e_k)$；

（2）如果邻接矩阵 A 中 $a_{ij} > 1$，即 v_i，v_j 在 FCHM 中 δ 次相邻，v_i，$v_j \in e_k$，$k \in J \subseteq \{1, 2, \cdots, m\}$，且有 $|J| = \delta$，则 $w_{ij} = \min_{k \in J} w (E_k)$；

（3）若邻接矩阵 A 中 $a_{ij} = 0$，即 v_i，v_j 在 FCHM 中不相邻，则

$w_{ij} = 0$。

在第（2）条中，对于 δ 相邻的两个顶点，它们之间的权值为与该顶点相关联的多条超边中最小的权值。这样，最短路径即为两顶点之间权值最小的超边。

本书的最短路径算法的基本思路可以描述为：

权重矩阵中，直接用插入顶点的方法依次构造出 n 个矩阵，$D^{(1)}$，$D^{(2)}$，$\cdots$，$D^{(n)}$，它们分别表示在矩阵 $D^{(i)}$ 中插入顶点 v_{i+1} 所得到的距离矩阵，最后得到的矩阵 $D^{(n)}$ 为模糊认知超图的距离矩阵。其中矩阵中的元素可以表示在坐标对应的顶点之间插入顶点 v_1，v_2，$\cdots$，v_{i+1} 之后顶点之间的最短路径的权值。为了得到最短路径，同时也求出插入点矩阵以便得到两个节点之间的最短路径。

在模糊认知超图的权重矩阵中，通过向矩阵中直接插入顶点的方法，可以按顺序依次构建 n 个矩阵，这 n 个矩阵可以命名为 $D^{(1)}$，$D^{(2)}$，$\cdots$，$D^{(n)}$，这些矩阵是用来表示将顶点 v_{i+1} 插入矩阵 $D^{(i)}$ 后所得到的距离矩阵。

在两个坐标互相对应的顶点之间插入 v_1，v_2，$\cdots$，v_{i+1} 后，各顶点间的最短路径的权值，可以用矩阵中的元素来表示。最终，针对模糊认知超图求解最短路径。

对于任意一个给定的模糊认知超图，均有一个唯一对应的邻接矩阵，因此，模糊认知超图间的最短路径可通过该模糊认知超图对应的邻接矩阵来求解。反之，每一个邻接矩阵可能对应多个模糊认知超图，但这些模糊认知超图应是一类点同构的等价图类。假如拥有同一个邻接矩阵的两个等价的点同构超图，在拥有相同邻接矩阵的同时，还能具有相同的权矩阵，那就可以根据算法求出存在于这两个模糊认知超图中的最短路径也是相同的。

本章中所提出的求解最短超图路径的算法，其时间复杂度为 $O(n^3)$，因此对于一般规模的模糊认知超图来说，上述的算法是一个有效的算法。在基于无向超图的最短路径算法的基础上，当基于模糊认知超图生成带权矩阵的邻接矩阵时，有向超图就可以得到有效的处理，也就是说，这种算法可应用在模糊认知超图的最短路径求解过程中。而在有向超图中所得到的邻接矩阵以及有向超图的权矩阵均不再是对称阵。

第六章
模糊认知超图的因果链与推理机制

本章首先介绍了模糊认知图和超图的定义、概念以及优劣。在模糊认知图和超图的基础上，提出了模糊认知超图的模型；介绍了模糊认知超图理论的相关概念，以及模糊认知超图的表示方法；使用模糊认知超图模型对社会网络进行建模，在该模型中，充分考虑了概念节点的属性和超边关系的属性表示，并针对现实世界中社会网络的数据多元性、多属性特征，使用超边连接两个以上的概念节点；并结合邻接矩阵、关联矩阵，探讨了模糊认知超图的推理机制和动态演化过程，最后以一个社会网络中论文共同作者分析的实例，给出了使用模糊认知超图进行知识表示和推理演化的方法，为后面章节中进行社会网络中的社区发现应用奠定了基础。

在现实社会中的事物以及事物间的联系，常常可以使用点和线组成的网络图来描述，然后可以将这些问题转换为图的问题来进行解决。基于图进行研究的关系可以是静态关系或动态关系。文献[6]指出"凡是包含二元关系的系统都可以用图为其建立数学模型"。

现实世界中的因果知识也可以理解为由原因指向结果的二元关系，因此，使用有向图可以为因果知识进行建模并进行分析。

本章针对网络权重下降的求解的问题，提出了一种基于数据场的方法，并将这种方法应用于模糊认知图网络中的节点与节点之间相互影响关系进行分析，实现模糊认知超图中的因果链和反馈环的求解，并为此设计计算机算法。

另外，在本章中针对描述复杂系统的模糊认知超图，提出了基于超边强连通性的模糊认知超图分解算法。同时，又对模糊认知图的分割方法进行了优化，使其适应针对复杂系统的模块划分。利用软件模块化思想，将模糊认知超图划分成相对独立的多个子图，然后通过求解组合优化问题实现模糊认知超图的模块划分。

6.1　模糊认知超图中因果影响的表示及计算

在针对真实世界中的系统使用模糊认知图模型进行建模时，可能会存在大量的不确定性因素，不确定性的其中一个原因是事物概念本身可能就是模糊的，另外一个原因是事物之间的相互影响关系也可能是模糊的。也就是说，在实际应用中很难确定一个对象是否的确符合其中某一个概念，以及两个概念之间的一个概念是否确定能对另一个概念造成绝对影响。模糊认知超图很容易表达客观事物差异的过渡形态，并可通过模糊值表达事物自身或事物之间的不确定性。

在模糊认知超图模型中，所谓的模糊的意义就是其具备一个非确定值的表示特点，通过模糊认知超图模型，概念节点间的关系是一种模糊关系，在模型中使用［－1，1］上的一个值或者使用一个语言值来表示事物间的联系强度，也称为模糊值。

6.1.1　模糊因果影响的语言值表示

在模糊认知超图的应用中，需要用模糊集来定义表示因果影响的语言变量，这种语言变量为因果影响的程度提供了一种近似的表示方法。

这种方法是给定论域 U 上的一个模糊子集 A，就是给定论域 U 到区间 ［0，1］ 的一个映射。

在使用模糊认知超图对应用系统进行建模时，用来表示因果影响的语言变量可以使用一个模糊集来定义该影响的程度。使用这种语言变量的模糊取值，可以近似地表示因果影响的程度。给定论域 U 上的一个模糊子集 A，就为其映射到区间 $[0，1]$ 的一个映射。

$$\mu_A: U \rightarrow [0，1]$$

$$\mu \rightarrow \mu A(u) \in [0，1]$$

这个映射 u 将任一 $u \in U$ 对应着一个确定的值 $\mu_A(\mu) \in [0，1]$。

6.1.2 模糊因果影响的实数表示

在模糊认知超图的模型中，概念节点之间的因果影响程度一般来说可以使用一个语言值来进行量度，也可以使用一个实数来量度，这个实数一般选用 $[0，1]$ 区间上的数值，如果有负向的影响的话就选用 $[-1，1]$ 区间上的实数来作为量度。数值绝对值的大小用来表示因果影响程度的强弱，数值的正负符号用来表示影响的方向，负数表示反向影响，正数表示正向影响。

例如：假如使用语言值来表示因果影响关系的强弱，可以使用（很强，强，中等，弱，很弱，无）几种语言值来表示，也可以用（1，0.8，0.6，0.4，0.2，0）这几个数值来表示。在针对实际应用进行模糊认知超图的建模过程中，对影响强弱进行模糊量化的标准和精度将根据具体的情况确定。

6.1.3 模糊因果影响的权重计算

在模糊认知超图中，超边对应着因果影响关系，入点集对应着因果关系的前向节点，出点集对应着因果关系的后向节点，每一条路径都对应着一个推理的因果关系链。在模糊认知超图系统中前向节点与后向节点之间的因果关系有三种情况，分别如图 6.1 中的（a）（b）（c）所示。

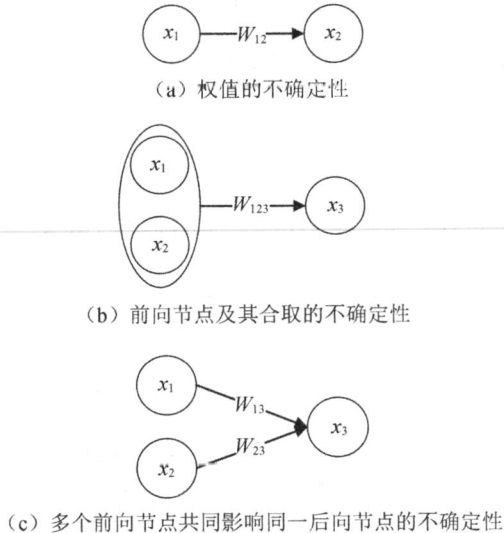

（a）权值的不确定性

（b）前向节点及其合取的不确定性

（c）多个前向节点共同影响同一后向节点的不确定性

图 6.1　节点之间的影响关系

图 6.1（a）表示 x_1 对 x_2 的因果影响程度为 W_{12}。该影响程度表示当前向节点完全确定时，该节点的存在对后向节点的影响程度，而当前向节点 x_1 的置信度不为 1 时，则其对后向节点的影响程度为前向节点隶属度与影响程度 W 的乘积。例如：当 x_1 的隶属度 $\mu_1 = 0.7$、$W_{12} = 0.8$ 时，则对后向节点的影响程度为 $W_C = 0.7 \times 0.8 = 0.56$。

图 6.1（b）表示的是，两个前向节点 x_1 和 x_2 共同组合时，对后向节点 x_3 的影响程度。当多个前向节点都对后向节点有共同的影响时，所有的前向节点合取时总的因果影响程度取其中的最小值。如前向节点 x_1 和 x_2 的隶属度分别为 0.9 和 0.7，则前向节点总的隶属度为 0.7。

图 6.1（c）表示当多个前向节点析取时，总的因果影响程度取

其中的最大值。如前向节点 x_1 对后向节点 x_3 影响程度为 W_{13}，同时前向节点 x_2 对后向节点 x_3 影响程度为 W_{23}。当 x_1 和 x_2 为析取关系时，x_1 或 x_2 对 x_3 的影响程度取其中的最大值。例如当 $\mu_1 = 0.9$，$\mu_2 = 0.8$ 时，$W_{13} = 0.6$，$W_{23} = 0.8$，则前向节点对后向节点的因果影响程度为 $W_C = 0.64$。

6.2 模糊认知超图的因果链

6.2.1 因果链的基本概念

在模糊认知超图的概念节点集中，假如存在两个概念节点，在两个概念节点间存在"C_i 导致 C_j"的关系，则在这两个节点间的关系中，称 C_i 是 C_j 的原因概念节点，C_j 是 C_i 的结果概念节点。而 C_i 与 C_j 之间的关系，则称为因果关系。

在模糊认知超图的概念节点集中，假如存在两个不同节点 C_i 和 C_j，两者之间的关系，符合如下三个条件：（1）存在"C_i 导致 C_j"的关系；（2）不存在另外一个概念节点 C_k，拥有"C_i 导致 C_k"的关系；（3）不存在另外一个概念节点 C_l，拥有"C_l 导致 C_j"的关系；则称概念节点 C_i 是概念节点 C_j 的直接原因节点，此时，称为概念节点 C_i 与节点 C_j 之间存在直接因果关系。

在模糊认知超图的概念节点集中，假如概念节点 C_i 与概念节点 C_j 之间存在直接因果关系，在此情况下，若：

（1）$w_{ij} > 0$，则表示概念节点 C_i 状态值的增加将同时导致概念节点 C_j 状态值的增加，此时两个概念节点 C_i 与 C_j 之间属于正因果关系；

（2）$w_{ij}<0$，则表示概念节点 C_i 状态值的增加将同时导致概念节点 C_j 状态值的减少，此时两概念节点 C_i 与 C_j 之间属于负因果关系；

（3）$w_{ij}=0$，则表示概念节点 C_i 状态值的增加或减少与概念节点 C_j 的状态值无任何关系，此时两概念节点 C_i 与 C_j 之间无因果关系，一般来说，此种情况下，节点 C_i 与 C_j 之间不会存在关联的边或超边。

6.2.2 因果影响的传递与可达矩阵

模糊认知超图的推理过程，能够从整体上反映系统的概念节点间的因果关系，以及概念节点间的因果影响沿着图的结构传播的路径。

一条因果链自身能够从局部上反映当前状态下节点间的因果影响关系，而一条因果链上的所有概念节点和有向弧前后连接共同构成了因果影响传递的路径。

在模糊认知超图中，可达矩阵是反映因果关系的重要数据结构，两个概念之间的可达性反映了两者之间的因果关系是否能够被传递。

根据可达矩阵的定义，当从概念节点 C_i 出发，拥有至少一条路径可以到达另一概念 C_j，则在可达矩阵中的 i 行 j 列的元素 $p_{ij}=1$，此时，节点 C_i 的因果影响可以传递到节点 C_j。

6.2.3 因果链的求解算法

在一个模糊认知超图所描述的系统中，求解模糊认知超图中的所有基本因果链的问题实际上都是一个搜索问题，搜索算法的主要思想就是根据节点间的可达性进行搜索因果关系的路径。

对于一个模糊认知超图中的因果链的求解方法，可以以图 6.2

为例。

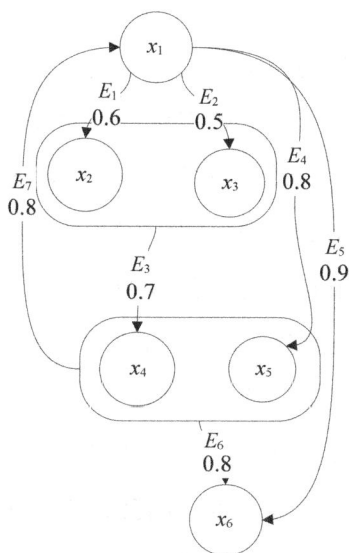

图 6.2　模糊认知超图的简单示意图

在图 6.2 中，模糊认知超图中所包含的概念节点数 $n = 6$，所包含的超边（弧）的条数 $m = 7$，根据图中所展示的模糊认知超图结构，其邻接矩阵 W 如（6-1）所示。

$$W = \begin{bmatrix} 0 & 1 & 1 & 1 & 1 & 1 \\ 0 & 0 & 0 & 1 & 0 & 1 \\ 0 & 0 & 0 & 1 & 0 & 1 \\ 1 & 0 & 0 & 0 & 0 & 1 \\ 1 & 0 & 0 & 0 & 0 & 1 \\ 0 & 0 & 0 & 0 & 0 & 0 \end{bmatrix} \tag{6-1}$$

在具体算法实现的过程中，算法的具体步骤可以描述如下：

（1）将模糊认知超图的邻接矩阵 W 从数据文件中读入到计算机中，并将其存入到二维数组中。

（2）设定其中一个节点为因果链搜索的起点（如 C_1），设定另一节点为因果链搜索的终点（如 C_6）。则搜索 C_1 节点到 C_6 节点的所有因果链的具体方法可描述如下：

（2.1）从概念节点 C_1 开始搜索，即对应邻接矩阵的第 1 行 W（1），找到 C_1 节点所连接的所有概念节点，将所有邻接的节点压入堆栈。从栈中弹出第一个邻接节点（如 C_2）。

（2.2）判断邻接节点 C_2 是否已访问过，假如 C_2 未曾访问过，则 C_2 节点可以添加到当前路径中，假如 C_2 节点已经访问过，则丢弃该节点，继续从堆栈中弹出一个新的邻接节点。

（2.3）判断刚刚加入到当前路径中的节点 C_2 是不是终点，假如是终点，则因果链已经找到，退出路径搜索；假如不是终点，则从概念节点 C_2 开始，继续搜索，由邻接矩阵找到 C_2 节点的邻接点（如 C_4）。

（2.4）针对 C_4 节点执行（2.2）步骤，并再次继续执行（2.3）步骤，直至堆栈为空，或找到终点 C_6。

（2.5）最终，当堆栈为空仍然未搜索到终点时，则可以判断，从开始节点 C_1 至终点 C_6 没有因果链，退出程序运行；而假如能搜索到终点，则此时当前路径上的所有节点就共同组成了一条基本因果链，输出该因果链。

（2.6）当找到删除终点 C_6，继续对当前路径中的上一节点搜索其邻接点，并对其邻接点执行步骤（2.2）。

（2.7）依次执行上述步骤，直至存储邻接点的堆栈为空，此时，已得到从节点 C_1 到节点 C_6 之间的所有的因果链。

在图 6.2 所示的模糊认知超图的因果链搜索结果，将出现四条因果链，它们分别是：（1，2，3，6），（1，3，4，6），（1，5，6）（1，6）。

（3）假如需要求出所有顶点对应的基本因果链，则可以针对其他的所有开始节点和结束节点，重复执行步骤（2），最终可以求出所有的因果链，它们如（6-2）所示：

$$(1,2),(1,2,4)(1,3)(1,3,4)(1,2,4,6),(1,3,4,6),(1,5)$$

$$(1,5,6)(2,4),(3,4)(4,1)(5,1),(1,6)(4,6)(5,6)(4,1,2) \qquad (6-2)$$

$$(4,1,3)(5,1,2)(5,1,3)$$

6.3　模糊认知超图推理机制

因果知识可用来描述事物之间复杂的联系，如相互制约的关系或者相互影响的关系，这种相互之间的联系以及基于这种联系的推理方法是逻辑思维中联系、判断等活动的基础。因此，揭示模糊认知超图 FCHM 的推理机制是了解 FCHM 的关键。

6.3.1　因果关系传递与推理机制

在模糊认知超图中，两个或者多个概念节点间的连接或超边连接是一种柔性连接，这种柔性连接有两种作用：其一是可以表示一种规则；其二是可以通过这种联系进行推理。

当概念节点之间的因果关系同时存在于概念节点 V_i 与节点 V_k 之间，以及节点 V_k 与节点 V_j 之间时，我们就可判断因果关系也将同时存在于 V_i 与 V_j 之间，这种因果关系的传递作用，同时存在于模糊认知超图中。

若概念节点 V_i 与 V_j 的状态符合推理结构，那么假如这种因果关系的传递是一种正向影响的传递时，当节点 V_i 的状态被肯定或者加强，则节点 V_j 的状态将会在推理过程中被肯定或增强；反之，假如是负向的因果关系传递，则结果恰好相反。

FCHM 可用于表示多种关系，并可模拟动态系统运行状况。设定系统初始状态后，每个节点的状态值均可由 FCHM 转换函数计算得出。如（6-3）：

$$A_i^{(t+1)} = f(A_i^t + \sum_{j=1, j\neq i}^{N} A_i^t w_{ji}) \tag{6-3}$$

在公式（6-3）中，$V = \{v_1, v_2, \cdots, v_n\}$，是模糊认知超图中的概念节点的集合，$N$ 是概念节点的总数目，w_{ji} 表示第 j 个节点对第 i 个节点的影响程度，也即称为 v_j 对 v_i 节点的因果影响程度的权值。A_i^t 表示 t 时刻模糊认知超图中每个概念节点 v_i 的状态值，而 $A_i^{(t+1)}$ 表示在 $t+1$ 时刻模糊认知超图中概念节点 v_i 的当前状态值。F 是概念节点状态值的变换函数，一般采用一个阈值函数来实现，可将 $A_i^t + \sum_{j=1, j\neq i}^{N} w_{ji}$ 的计算结果转换成一个 ［0，1］ 或 ［−1，1］ 区间上的实数值。

6.3.2 模糊认知超图模型推理过程

模糊认知超图的推理过程就是一个对类似于 what-if 形式的问题进行回答的过程。在模糊认知超图的推理过程中，各个概念节点的状态共同组成一个状态矢量，每一个模糊认知超图的状态矢量代表其所模拟的系统中发生的一个事件，对模糊认知超图的系统输入一个初始状态矢量，就相当于对该系统问了一个问题："如果某事件发生，那么将会最终造成什么样的结果？"系统通过推理过程所做的输出就是通过模糊认知超图模拟的系统对该问题做出的回答，而做出该回答所进行的计算过程就是其推理过程。

图 6.3 就是一个模糊认知超图的推理过程示意图，在图 6.3 所示的模糊认知超图系统中，$A_1(t)$，$A_2(t)$，$\cdots$，$A_n(t)$ 是一个推理过程中的原因概念节点（前向节点），$A_i(t+1)$ 是该推理过程中的结果概念节点（后向节点），推理过程实际上是实现前向节点对后向节点状态的递推过程。

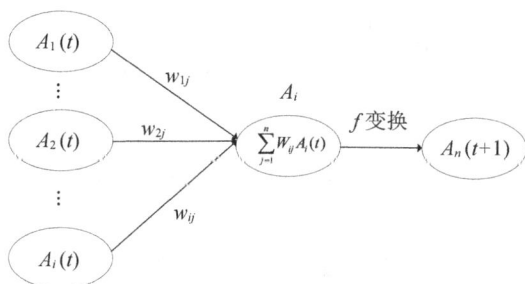

图 6.3　模糊认知超图推理过程示意图

推理过程首先将初始状态矢量赋值给模糊认知超图，每一步推理过程中将状态矢量 $A(t)$ 与该模糊认知超图的邻接矩阵相乘，然后经 f 变换输出得到 $A(t+1)$，这一结果将作为下一次推理过程的输入状态矢量。

重复这个推理过程直到进入该模糊认知超图的最终模式。每一步推理过程中所有概念节点的状态矢量，反映了在每一次推理状态下系统的状态，而整个推理过程中状态矢量的变化就反映了所模拟系统的演化过程。

模糊认知超图中的系统所有概念节点的状态，在整个推理过程中所经历的状态矢量可以排列为一组状态序列，记为（A_1，A_2，$\cdots$，A_n）。

模糊认知超图的推理步骤可以描述如下：

假如一个模糊认知超图中包含 n 个节点，则这 n 个节点的状态可

以共同组成一个 $1 \times n$ 的状态矢量 A，A 可如公式（6-4）所示：

$$A = [a_1, a_2, \cdots, a_n] \tag{6-4}$$

模糊认知超图的邻接矩阵 W 是一个 $n \times n$ 的矩阵，其具体形式可以如（6-5）所示：

$$W = \begin{bmatrix} w_{11} & w_{12} & \cdots & w_{1n} \\ w_{21} & w_{22} & \cdots & w_{2n} \\ \cdots & \cdots & \cdots & \cdots \\ w_{n1} & w_{n1} & \cdots & w_{nn} \end{bmatrix} \tag{6-5}$$

根据推理，某个节点在第 $t+1$ 步的状态如公式（6-6）所示：

$$A_i^{(t+1)} = f\left(A_i^t + \sum_{j=1, j \neq i}^{N} A_i^t w_{ji}\right) \tag{6-6}$$

其中，所有概念节点的状态矢量的展开成为单个节点状态，则可以描述为如（6-7）所示：

$$A_i^{(t+1)} = \begin{bmatrix} A_1^{(t+1)} \\ A_2^{(t+1)} \\ \cdots \\ A_n^{(t+1)} \end{bmatrix} = f\left(A_i^t + \sum_{j=1, j \neq i}^{N} A_i^t w_{ji}\right)$$

$$= f\left(A_i^t + \begin{bmatrix} w_{11} & w_{12} & \cdots & w_{1n} \\ w_{21} & w_{22} & \cdots & w_{2n} \\ \cdots & \cdots & \cdots & \cdots \\ w_{n1} & w_{n1} & \cdots & w_{nn} \end{bmatrix} \begin{bmatrix} A_1^{(t)} \\ A_2^{(t)} \\ \cdots \\ A_n^{(t)} \end{bmatrix}\right) \tag{6-7}$$

将系统中 t 时刻所有概念节点的状态代入到公式（6-7）中，即可求得系统在 $t+1$ 时刻的所有概念节点的状态，该公式也即称为该模糊认知超图所描述的系统的推理公式。

通过该推理公式（6-7），不断迭代计算下一时刻的系统状态，直到系统的状态成为一个固定值，或者成为一个有限环，则系统已进入最终模式，也称为终止状态。

6.3.3　模糊认知超图的终止状态

在模糊认知超图中，每一种输入的状态矢量，都能够在模糊认知超图的虚拟计算空间中开辟一条动态演化过程的通路，大多数的通路都能终止于一个固定点或者一个极限环，还有可能是出现一个"混沌状态"的吸引子。

对于一个相同的模糊认知超图所描述的系统来说，给定不同的初始输入状态矢量，可能会出现迥异的终止状态模式。终止状态模式反映了系统中各概念节点相互作用的联合影响结果。

推理过程的极限环终止状态是每隔一定有限个状态矢量，就会周期性地出现相同的状态序列。

极限环终止状态意味着在模糊认知超图的状态空间中存在一个闭合的状态矢量序列，该序列中的任意一个状态矢量，经过若干个推理过程后，又将回到它自身。对模糊认知超图中的某概念节点而言，实际上也意味着存在一个状态变化序列，其中的任意一个状态，经过若干个推理过程后，会回到它自身的当前状态。

固定点终止状态意味着在模糊认知超图的状态空间中存在一个状态矢量，在该状态中节点之间通过关联关系的传递产生相互之间的影响，但影响的结果是节点的状态均保持不变。

固定点终止状态可以看作是极限环终止状态的一个特殊情况，它可以看作极限环的长度为 1，它在推理计算过程中不停地重复自身，每一次推理的输入结果仍然是输入自身。

值得一提的是，对于描述复杂系统的模糊认知超图模型，一个给定的输入，可能出现终止于"混沌状态"的吸引子输出，"混沌状态"吸引子是一个非周期的混沌状态。

对于模糊认知超图来说，不论处理哪一种输出结果，都是对"What-if"类型的问题所做出的回答。

6.3.4 模糊认知超图与社会网络

在社会网络中的成员在现实社会中可能指在某一个群体中的成员，与群体中之外的他人有联系的个人或其他的社会群体，成员之间的相互关系可能是亲人、朋友、同事等。

一般来说，由于社会网络的人物结构与普通图的结构非常近似，因此社会网络常使用普通图来表示，在简单图中使用点来表示成员，点与点之间的连线表示成员之间的关系。但是现实的社会网络具有多元性、多属性的特点，为了更接近于真实的社会网络，研究者们曾研究使用超图来表示社会网络，超图由于超点、超边的灵活性，从而能够表示社会网络的多元性和多属性的特点。

但是，随着社会网络领域研究的深入，社会网络综合多元性、多属性，以及动态性的特点，目前的模糊认知图、超图，均不能完整地描述它的这些特点。

模糊认知超图综合了模糊认知图和超图的理论基础，将超图的理论引入到模糊认知图模型上，使得模糊认知图在能够描述动态性的基础上，同时能描述社会网络中的多元关系和多属性特点。因此，使用模糊认知超图模型，对现实世界中的社会网络进行建模变得更直接也更真实。

考虑到真实世界中的社会网络的数据特征，本书基于模糊认知超图，针对社会网络设计了相应的概念模型。

在模糊认知超图用于社会网络时，模糊认知超图的节点表示社会网络中的成员，模糊认知超图的超边表示社会网络中成员之间的关系，模糊认知超图概念节点的权重是基于成员自身的属性设定的。比如行动者的性别、地位等；对于超边的权值也可以根据行动者之间的关系属性来设定。例如，在论文分析的合作作者网络模型中，假如采样有合作发表过论文作为作者之间的关系，则可以选择论文的影响因子作为关系权值的设置等。

如图 6.4 是一个模糊认知超图模型的建模示例。模糊认知超图模型在建模过程中，把整个网络系统分成了结构层和属性层，而图 6.4 中的关联结构层和属性层是两个互相关联的映射。

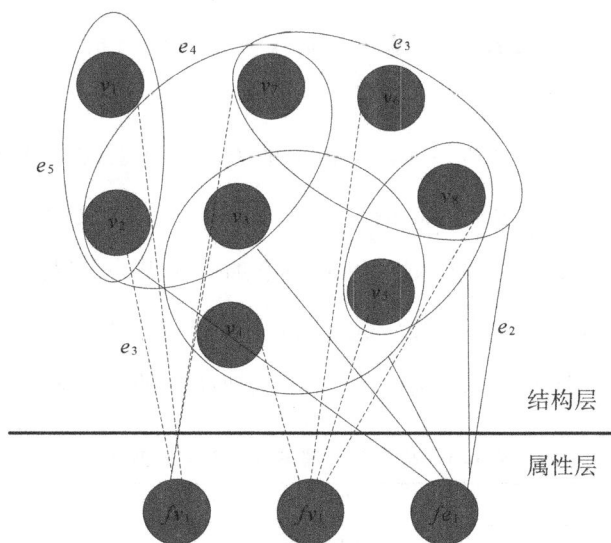

图 6.4　一个简单的模糊认知超图模型示例

从图 6.4 可以看出，节点集 $V=\{v_1,v_2,v_3,v_4,v_5,v_6,v_7,v_8\}$ 和超边集 $E=\{e_1,e_2,e_3,e_4,e_5\}$ 构成结果层，其中 $e_1=\{v_3,v_4,v_5\}$，$e_2=\{v_5,v_8\}$，$e_3=\{v_6,v_7,v_8\}$，$e_4=\{v_2,v_3,v_7\}$，$e_5=\{v_1,v_2\}$；节点属性集合 $FV=\{fv_1,fv_2\}$ 和超边属性集 $FE=\{fe_1\}$

构成属性层。α 和 β 是关联两层的映射，如图虚线所示，如有 $\alpha_1(v_1)=fv_1$，$\alpha_7(v_7)=\{fv_1，fv_2\}$，$\beta_1(e_1)=fe_1$ 等等。

在对社会网络的建模与研究过程中，假如重点关注于行动者之间的关系，而忽略行动者自身的属性时，那么模糊认知超图就只需考虑结构层，退化成为一个超图，此时的模糊认知超图就可以采用关联矩阵进行标识。

6.3.5 模糊认知超图动态特性

在模糊认知超图 $FCHM=\langle V，E，\alpha，\beta，FV，FE，M\rangle$ 中，M 用来表示可扩展的动态方法集合，如果将模糊认知超图的定义引入到社会网络中，M 则表示新成员的加入或者老成员的退出等社会网络的动态性的描述。

针对社会网络的动态性，可扩展的方法集将其转换为模糊认知超图模型的节点与超边操作，例如新论文的添加可以使用添加一条超边来表现，而新作者的添加则可以使用添加一个节点来表现。当有一位作者由于学术问题要从网络中除名时，从超图模型中删除此节点即可。

如表 6.1 所示，表中给出了模糊认知超图的部分操作方法集。

表 6.1　模糊认知超图的动态扩展方法

操作名称	模糊认知超图模型描述	功　　能
添加概念节点	add _ node（FCHM，v_i）	新成员加入到模糊认知超图中
删除概念节点	delete _ node（FCHM，v_i）	成员在模糊认知超图中退出
超边关系的添加	add _ edge（FCHM，e_i）	行动者之间有新的关系产生
超边关系的删除	delete _ edge（FCHM，e_i）	行动者之间的关系被解除
超边关系的融合	merge _ edge（FCHM，e_i，e_j）	两个或者多个行动者之间的关系合并为一个关系
…	…	…

模糊认知超图中的可扩展方法集 N 的操作应用于关联矩阵、节点属性映射矩阵以及超边属性映射矩阵，上述表 6.1 中的几种操作方法也都可以实现。

根据上述使用模糊认知超图模型对社会网络进行建模的方法，如图 6.5 中是使用模糊认知超图对一个论文撰写合作网络的模型描述。

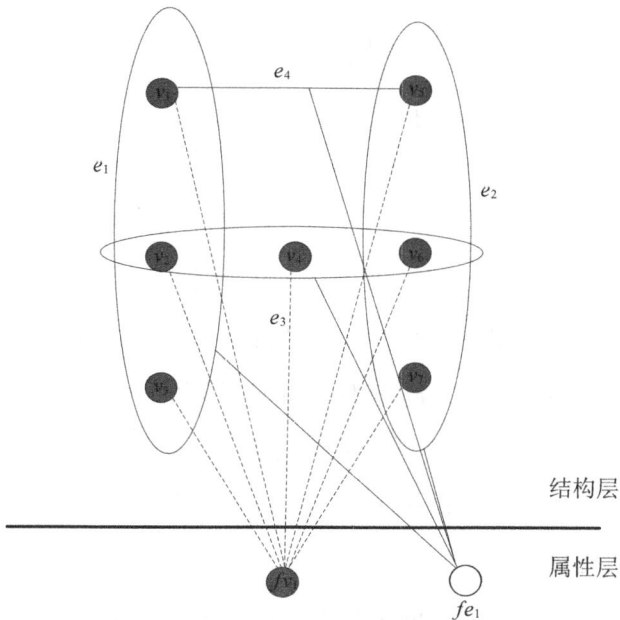

图 6.5　论文撰写合作网络的模糊认知图表示

在图 6.5 中包含有七位作者，这七位作者之间存在合作撰写的文字共四篇。在如图 6.5 针对论文撰写合作网络所建立的模糊认知超图结构中，$V = \{v_1, v_2, v_3, v_4, v_5, v_6, v_7\}$ 是一个表示作者的概念节点集，每一个节点表示一位作者，$E = \{e_1, e_2, e_3, e_4\}$ 是一个表示具有共同作者属性的超边集，每一条超边表示一篇有合作作者的文章，该条超边中所关联的节点数量就是该篇论文的作者数量。每一个模糊认知超图的概念节点都有其属性，比如作者的职称属性（x_1），节点与节点属性之间的映射被定义为 α 映射；每一条超边也有其属性，比如论文的影响因子属性（x_2），超边与其属性之间的映射关系被定义为 β。

图 6.5 所对应的模糊认知超图构成的关联矩阵 B 如（6-8）所示：

$$B=\begin{bmatrix} 1 & 0 & 0 & 0 \\ 1 & 0 & 1 & 0 \\ 1 & 0 & 0 & 1 \\ 0 & 0 & 1 & 0 \\ 0 & 1 & 1 & 0 \\ 0 & 1 & 0 & 0 \\ 0 & 1 & 0 & 1 \end{bmatrix} \tag{6-8}$$

使用模糊认知超图对社会网络进行建模，能够方便地实现社会网络的动态性。例如，当该网络中增加了一篇文章，文章的作者分别是 v_3 和 v_7，则在当前模糊认知图模型上，执行 add_edge（FCHM，e_3）操作，即可添加表示该篇文章的超边。执行该操作后，模糊认知超图模型的变化如图 6.6 所示。

在模糊认知超图模型的结构层中，增加了一篇文章，实际上就是在关联矩阵中增加了一个新列，新的关联矩阵可表示为矩阵（6-9）。

$$B=\begin{bmatrix} 1 & 0 & 0 & 1 & 0 \\ 1 & 0 & 1 & 0 & 0 \\ 1 & 0 & 0 & 0 & 1 \\ 0 & 0 & 1 & 0 & 0 \\ 0 & 1 & 1 & 0 & 0 \\ 0 & 1 & 0 & 1 & 0 \\ 0 & 1 & 0 & 0 & 1 \end{bmatrix} \tag{6-9}$$

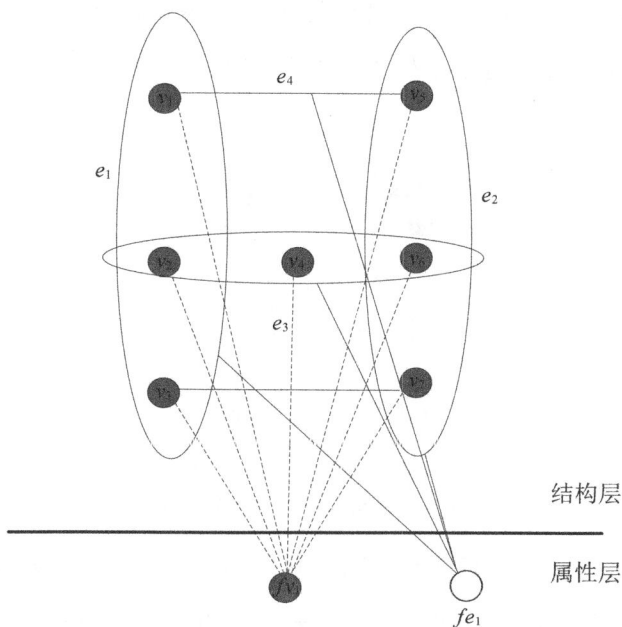

图 6.6 执行 Add 操作后的模糊认知超图模型

综上所述，相比于模糊认知图，基于模糊认知超图模型对社会网络进行建模以及进行分析，所表现出来的优势主要体现在如下几个方面：

首先，模糊认知超图是在模糊认知图的基础上建立的，模糊认知超图是模糊认知图的超集，原来属于模糊认知图的理论和方法，仍旧可以在模糊认知超图模型中继续使用。

其次，模糊认知超图中，能够使用超边表达多个概念节点之间存在的多元关系，与现实世界中的实际社会网络系统更为接近，而基于一般图的模糊认知图网络则无法描述社会网络的特征。

再者，由于超图的可对偶定义性质，使得模糊认知超图可以通过对偶性质得到原模糊认知超图的对偶图。例如，在原模糊认知超图模型中，使用点集表示一位作者，使用连接多个点的超边表示一篇论文。而通过对偶过程，可以使用点集表示论文，使用超边表示作者，此时可以得到原来模糊认知超图的对偶图，如图 6.7 所示。

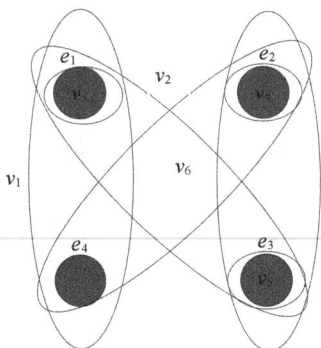

图 6.7　论文合作撰写网的对偶图

将模糊认知超图与其对偶图一起使用，不仅可以表示哪些作者共同发表过文章，而且还可以表示某一位作者参与发表过文章。原图与对偶图的形式，便于针对不同的侧重点，对建模的模糊认知超图模型进行变换。

最后，模糊认知超图的整体推理过程能够反映社会网络系统的演化过程，可以把模糊认知超图看成一个随时间演化的动态系统，动态系统的变化可以解释为，当网络中一个事件发生时将会导致什么样的结果。模糊认知超图的动态演化过程比超图对网络随时间动态演化的效果更真实。

第七章
模糊认知超图的分解与层次聚类

7.1　模糊认知超图的分解

在使用模糊认知超图模型对现实世界中的实际应用进行建模时，由于现实系统的复杂性，模糊认知超图模型可能最终将包含大量的概念节点和复杂的关联关系，这使得模糊认知超图的推理变得十分困难甚至无法获得所需的结果。

由模糊认知超图对于终止状态模式的定义可知，终止状态模式反映了模糊认知超图中相互作用所造成的最终联合影响。

在模糊认知超图的推理过程中，是否能最终进入终止状态模式，要经过多少次推理计算过程才能进入终止状态模式，都是一个在模糊认知超图的分析和设计中需要回答并且又必须回答的问题。

已经证明，对于一个模糊认知超图描述的复杂系统，搜索其所有能到达指定状态的初始状态的算法是 NP 算法。因此，研究针对复杂系统的模糊认知超图的分解方法，以通过在子图上进行搜索降低搜索复杂度的方法是必需的。

本节针对应用于复杂系统的大型模糊认知超图，分别提出了两种分解方法，一种是基于强连通性的模糊认知超图分解方法，另一种是基于频繁项集的模糊认知超图分解方法。

7.1.1 基于强连通的模糊认知超图的分解

在基于连通性的分解方法中，利用可达性对强连通进行识别和划分从而实现对模糊认知超图的分解。基于强连通的模糊认知超图分解条件是其本身为非强连通的，它与强连通块之间不存在回路[108]。

对于不含环的模糊认知超图，它的最终模式是静止状态，这种情况是一种最简单的情况，无须分解，而作为实际系统模型的模糊认知超图一般都包含大量顶点和交织在一起的环。交织在一起的环是一个紧凑结构，我们称它为块，块中的每个顶点都在环上，在这些块的内部是强连通的，一个含有大量节点的复杂的模糊认知超图可以看成是由许多强连通的块组成的。

在模糊认知超图 $\vec{H}$ 中，对其中的任意两个概念节点 C_i 与 C_j，这两个概念节点的关系，根据两者的可达性，可以分为三种情况：

（1）假如 C_i 节点与 C_j 节点间可以相互到达，则可称 $\vec{H}$ 为一个强连通图，一个超图的极大强连通子图，也被称为强分图。

（2）假如从 C_i 出发不可到达 C_j 节点，但从 C_j 出发可以到达 C_i 节点，则可以称 $\vec{H}$ 是一个单向的连通图。

（3）假如 C_i 与 C_j 这两个概念节点之间只是有连接关系的，则可以称 $\vec{H}$ 是一个弱连通图。

由于强分图的点集合是一个等价类的集合，因此由强分图所产生的模糊认知超图 $\vec{H}$ 节点集合 $C(\vec{H})$ 也是强分图的一个划分。由划分的性质，可以获知在有向超图中，"每一个节点必在一个且仅在一个强分图中"[109]。

设模糊认知超图 $\vec{H}=(V,E)$，在该图中具备强连通子图 $\vec{H_1}\vec{H_2}$，…，$\vec{H_k}$，按下列方法构造一个新的有向超图 $\vec{H}^*=(V^* E^*)$：

（1）$V^* = \{\vec{H}_1, \vec{H}_2, \cdots, \vec{H}_k\}$；

（2）E^* 的构造方法可以描述为：从不同的模糊认知超图的子图 $\vec{H}_i$ 和 $\vec{H}_j$ 中分别抽出一个节点 $u \in \vec{H}_i$ 和 $v \in \vec{H}_j$，当且仅当 $\vec{H}$ 中有 $(u, v) \in E$，则从 $\vec{H}_i$ 到 $\vec{H}_j$ 添加一条超边（弧）$(\vec{H}_i, \vec{H}_j)$，此时，超图 $\vec{H}^*$ 常被称为超图 $\vec{H}$ 的压缩图。

设 $\vec{H} = (V, E)$ 是一个模糊认知超图，V 是概念节点的集合，E 是 $\vec{H}$ 的超边弧的集合，如果满足如下三个条件：

（1）$\vec{H}_1$ 和 $\vec{H}_2$ 都至少包含一个环；

（2）$V(\vec{H}) = V(\vec{H}_1) \bigcup V(\vec{H}_2)$，$V(\vec{H}_1) \bigcap V(\vec{H}_2) = \phi$；

（3）$E(\vec{H}) = E(\vec{H}_1) \bigcup E(\vec{H}_2) \bigcup E(\vec{H}_1, \vec{H}_2)$，

其中 $E(\vec{H}_1, \vec{H}_2) = \{(V_i, V_j) \mid (V_i, V_j) \in E(\vec{H}), V_i \in V(\vec{H}_1), V_j \in V(\vec{H}_2)\}$；

则称这种分解的结果为一个模糊认知超图的正则分解。

模糊认知超图的划分与强连通的关系，可以描述如下：假如一个模糊认知超图是强连通的，那么其一定是一个基本模糊认知超图，反之，假如一个模糊认知超图是基本模糊认知超图，则其一定是强连通的。

一方面，可以证明，基本的模糊认知超图一定是强连通的。

假定一个基本的模糊认知超图不是强连通的模糊认知超图，则从节点 V_i 到节点 V_j 没有直接的路径连接，$V_i, V_j \in \vec{H}$。

如果定义在一个模糊认知超图中，V_i 可到达的节点集为：$R(V_i) = \{V \mid$ 从 V_i 到 V 的路径$\}$，则模糊认知超图 $\vec{H}$ 可以分成两个部分，假如分别定义为 P 部分和 Q 部分。其中一部分包含节点 V_i，而另一部分包含节点 V_j，假设 $V_i \in P$，$V_j \in Q$。

由于模糊认知超图上的每个节点都存在于一个环上，因此 V_i 是在模糊认知超图中一个环上的一点，所以 P 部分中应该包含至少一个环。

V_j 为某一个环上的一个节点，并且这个环结构无法包含 P 部分中任意一个顶点（假如包含一个顶点，则 V_i 到 V_j 就必然会有一个路径），所以在 Q 部分中也同样会包含至少一个环。

因此，假如 $\vec{H}$ 不是一个基本的强连通图，那么 P、Q 就是 $\vec{H}$ 的一个划分，这恰恰与 $\vec{H}$ 是一个基本的模糊认知超图是矛盾的。因此，所有的基本模糊认知超图必然是强连通的。

另一方面，假如一个模糊认知超图是强连通的，那么可以证明这个模糊认知超图也是一个基本模糊认知超图。

假如模糊认知超图 $\vec{H}$ 不是一个基本的模糊认知超图，那么这个模糊认知超图必然是可以划分的。

对于模糊认知超图的不同划分，在各个划分的部分之间的任意节点间将不存在相互的路径，而这与模糊认知超图 $\vec{H}$ 是一个强连通图又是矛盾的。

因此，假如模糊认知超图 $\vec{H}$ 是强连通的，那么该模糊认知超图 $\vec{H}$ 就是一个基本模糊认知超图。

在 $\vec{H}$ 的 n 个节点集合中，极大强连通关系都是等价类。即：与已知点 i 强连通的点构成的子集形成了一个等价类 $L(i)$。所有强连通点的等价类，连同与这些点相连的所有超边弧一起构成一个子图。如果整个有向超图 $\vec{H}$ 是强连通的，则它是不可分解的。

定理 3-1 设 $\vec{H} = (V,E)$ 是 FCHM，$V(\vec{H})$ 是 $\vec{H}$ 的节点集合，$E(\vec{H})$ 是 $\vec{H}$ 的超边弧集合。一个 FCHM 可划分为 k 个强连通图 $\vec{H}_1$，$\vec{H}_2$，…，$\vec{H}_k$，则

$$\vec{H} = (\bigcup_{i=1}^{k} \vec{H}_i) \cup (\bigcup_{i=2}^{k} \bigcup_{j=1}^{i} E(\vec{H}_i, \vec{H}_j))$$

其中，$V(\vec{H}_i) \cap V(\vec{H}_j) = \phi$，$i \neq j$；$E(\vec{H}_i) \cap E(\vec{H}_j) = \phi$，$i \neq j$

$E(\vec{H}_i, \vec{H}_j) = \{(V_i, V_j) \mid (V_i, V_j) \in E(\vec{H}), V_i \in V(\vec{H}_i),$
$V_j \in V(\vec{H}_j)\}$

其中，$E(\vec{H}_1, \vec{H}_2) = \{(V_i, V_j) \mid (V_i, V_j) \in E(\vec{H}), V_i \in V$
$(\vec{H}_1), V_j \in V(\vec{H}_2)\}$

证明：

首先，将 FCHM 划分成两个基本子 FCHM，可以表示为

$$E(\vec{H}) = E(\vec{H}_1) \cup E(\vec{H}_2) \cup E(\vec{H}_1, \vec{H}_2)$$

显然可以看出定理 3-1 是正确的。

使用数学归纳法证明，假设对于预先生成的两个子模糊认知超图 $\vec{H}_1$，$\vec{H}_2$ 能够继续划分成多个子模糊认知超图，其中假设将 $\vec{H}_1$ 划分成 m 个，将 $\vec{H}_2$ 划分成 n 个子模糊认知超图，则有：

$$\vec{H}_1 = (\bigcup_{i=1}^{m} \vec{H}_i) \cup (\bigcup_{i=2}^{m} \bigcup_{j=1}^{i} E(\vec{H}_1, \vec{H}_j))$$

$$\vec{H}_2 = (\bigcup_{i=m+1}^{m+n} \vec{H}_i) \cup (\bigcup_{j=m+2}^{m+n} \bigcup_{i=m+1}^{i} E(\vec{H}_i, \vec{H}_j))$$

$$E(\vec{H}_1, \vec{H}_2) = \bigcup_{i,j 1 \leqslant i \leqslant m, m+1 \leqslant j \leqslant k+1} E(\vec{H}_i, \vec{H}_j)$$

在上面的公式中满足条件 $m+n=k+1$，这样就可以得到下面的结果：

$$\bigcup_{j=2}^{k+1} \bigcup_{i=1}^{j} E(\vec{H}_i, \vec{H}_j) = \bigcup_{i,j 1 \leqslant i \leqslant m, m+1 \leqslant j \leqslant k+1} E(\vec{H}_i, \vec{H}_j) \cup (\bigcup_{i=2}^{m} \bigcup_{j=1}^{i} E(\vec{H}_i,$$
$$\vec{H}_j)(\bigcup_{j=m+2}^{m+n} \bigcup_{i=m+1}^{i} E(\vec{H}_i, \vec{H}_j)，则有：$$

$$\vec{H} = (\bigcup_{i=1}^{k+1} \vec{H}_i) \cup (\bigcup_{i=2}^{k+1} \bigcup_{j=1}^{i} E(\vec{H}_i, \vec{H}_j))$$

结果可以证明，假如能将模糊认知超图 FCHM 划分成 $k+1$ 个基本模糊认知超图 FCHM 的结论是成立的，那么上述结论对于任意个

k 都成立。

根据上述定理得出的结论，能够基于有向超图的强连通对大型复杂的模糊认知超图 FCHM 进行分解。

定理 3-2 若模糊认知超图 FCHM 表示为 $\vec{H}$，$\vec{H}$ 的可达矩阵用 P 表示，可达矩阵的转置矩阵用 P^T 表示。

（1）若 $\vec{H}$ 是强连通的，则可达矩阵 P 中的元素全部为 1；

（2）若 $\vec{H}$ 是单向连通的，则可达矩阵 P 和转置矩阵 P^T 的布尔与 $P \vee P^T$ 中除了对角线上以外的元素都将全部是 1。

基于强连通定义及可达矩阵的特性，可得到上述定理的判断条件是很容易理解的，在这个定理中就不给出证明了。

定理 3-3 若模糊认知超图 FCHM 表示为 $\vec{H}$，$\vec{H}$ 的可达矩阵可以用 P 表示，可达矩阵 P 的转置矩阵用 P^T 表示，则可以定义矩阵 $Q = P \vee P^T$，$P^T = (q_{ij})$，若满足条件 $q_{ij} = p_{ij} * q_{ij}^T = q_{ij} * q_{ji}$（其中 * 为乘法运算），则当前节点 V_i 所在的强分图 $\vec{H}_i$ 是可以由矩阵 Q 中在第 i 行中的值为 1 的元素所对应的点构成。

证明：对于任意一个模糊认知超图中的节点 V_j，如果在对应的矩阵 Q 中存在一个元素 $q_{ij} = 1$，则必定可以判断同时存在另外两个元素 $p_{ij} = 1$ 和 $p_{ji} = 1$，也就是说，在节点 V_i 与节点 V_j 之间是相互可达的连接关系。因此，可以说明节点 V_i 与节点 V_j 实际上共同存在于一个强连通图中。

同样可以得到，假如在矩阵 Q 中存在一个元素 $q_{ik} = 1$，那么就可以说明节点 V_i 与节点 V_k 共同存在于一个强连通图中。所以，假如节点 V_j 与节点 V_i 在同一个强连通图中，那么与该强连通图所对应的矩阵 Q 中的第 i 行元素必定为 1。

基于定理 3-2 与定理 3-3 的内容，可以得出模糊认知超图 FCHM

的分解算法的过程可以进行如下描述：

（1）基于模糊认知超图 FCHM 邻接矩阵 W，经过反复相乘计算，求出该模糊认知超图的可达矩阵 P；

（2）基于模糊认知超图对应的可达矩阵 P，求出该超图的强连通分图矩阵 Q，求解方法如公式（7-1）所示：

$$Q = P \odot P^T = (q_{ij}) = (p_{ij}, \ p_{ij}^T) = (p_{ij}, \ p_{ji}) \tag{7-1}$$

（3）依次输出所有的子模糊认知超图 FCHM。

模糊认知超图的强连通分解算法可以表示为算法 7-1：

Algorithm 7-1 FCHM 的分解算法

Input：FCHM 的邻接矩阵

Output：分解后所有强连通的模块

Algorithm：

1：置新矩阵 P：$= A$；

2. for $i = 1$ to n；

    对所有 j，若 $P(j, i) = 1$，对于 $k = 1, 2, \cdots, n$

    $P(j, k)$：$= P(j, k) \vee P(i, k)$；

    $i = i + 1$；

    若 $i \leqslant n$，则转到 3，否则停止；

3：$V = \{V_i \mid p(i, j) = 1\}$；

4：$q_{ij} = p_{ij} * p_{ji}$；

5：$i = 0$；while V 不为空，$i = i + 1$；

6：取 $V_i \in V$，$\overrightarrow{H}_1 = \{V_j \mid q_{ij} = 1\}$，$V = V / \overrightarrow{H}_1$；

7：输出强连通块 $\overrightarrow{H}_1, \overrightarrow{H}_2, \cdots, \overrightarrow{H}_i$。

基于模糊认知超图的邻接矩阵 M 求解其可达矩阵 P 的过程中，算法使用三个循环变量 i, j, k 互相嵌套循环，所以算法的复杂度为

$O(n^3)$，如果在模糊认知超图的节点集 V 中将连通子图中的节点去掉，则该算法的复杂度为 $O(n)$，求强连通矩阵的复杂度为 $O(n^2)$，输出每个子模糊认知超图的复杂度为 $O(n)$，所以算法的总体复杂度为 $O(n^3)$。

7.1.2　基于频繁项集的模糊认知超图的分解

传统的节点相似性计算使用的欧氏距离方法，在传统的概念节点距离描述方法中，只能求解两个概念节点之间的距离描述相关性，但使用关联规则实现的频繁项集规则进行相关性求解时，则能够实现同时对多个高维数据节点之间的距离相关性进行求解。因此，使用频繁项集来求解超图的分解过程就成为一种必然。

在针对模糊认知超图模型的分解方法中，要用到两个概念：关联规则和频繁项集。

（1）必要关联规则

在模糊认知超图中，每一个超边都表示概念节点之间的关系的，而超边的"必要关联规则"是指存在一些关于该超边的特定规则，该规则表达式的右侧是一个数据项的集合，该集合中数据项只有一个。而每一个规则都包括了与该超边有关的"必要关联规则"，一起描述该模糊认知超图的频繁项集的本质特征。

（2）频繁项集

频繁项集用来表示满足预定义的最小支持度阈值的若干数据项集，项集在模糊认知超图中可以表示顶点的集合 V，频繁项集表示模糊认知超图中的超边，一个频繁项集表示一条超边。

（3）数据相关性

选取必要关联规则的置信度的平均值表示数据子集中相关数据项

之间的整体相关性。

（4）评价函数

评价函数公式可以表示为公式（7-2）所示：

$$f = \sum w_j \qquad\qquad (7\text{-}2)$$

在公式（7-2）中，w_j 表示为超边 $e_j \in E$ 的权重，不同子超图的分割中的点存在于多个超边之中。

（5）实例说明

假如给定一个频繁项集 A，B，C，那么在模糊认知超图中一定存在一个超边 M，该超边能够同时连接频繁项集 A，B，C，在超边中，对应于该频繁项集的必要的关联规则可以表示为 A，$B \Rightarrow C$，A，$C \Rightarrow B$，B，$C \Rightarrow A$。若这三条关联规则的置信度为 0.4，0.6，0.8，那么超边权重的计算为关联规则的平均值，可以表示为 （0.4＋0.6＋0.8）/3＝0.6，这样可以将高维空间数据聚类，并且聚类之后的簇与簇之间的联系，可以使用模糊认知超图的顶点与超边表示，最终将一个高维空间数据映射为一个模糊认知超图。

7.1.3　频繁项集的 Apriori 算法

在本节中对于频繁项集的计算使用普通的关联规则的 Apriori 算法，其算法流程如算法 7-2 所述：

Algorithm 7-2 Frequent itemset-Apriori

Input：*TC-Tree*.

Output：frequent itemset

Algorithm：

1：$L(1) = \{\text{Large 1-itemsets}\}$

2：for $(k=2; L(k-1)! = 0; k++)$ do begin

3： $\quad C(k) = apriori\text{-}gen\ (L\ (k-1))$

4： for all transaction$t \in D$ do begin

5： $\quad C(t) = subser\ (C(t)，t)$；//candidates contains in t

6： for all candidates$c \in C(t)$ do begin

7： c. count++；

8： end

9： $\quad L(k) = \mid c \in C(k) \mid$ c. count$\geqslant$minsup；

10： end

11：end

12：answer$=UL(k)$

其中，Apriori-gen 是 Apriori 网格的生成算法，该算法可以描述为算法 7-3：

Algorithm 7-3 Apriori-gen

Input：$TC\text{-}Tree$；$Swarm\text{-}HT$；m

Output：current closed Swarm set CSm

Algorithm：

1：insert into $C\ (k)$；

2：S elect p. item1，p. item2，&，p. item $(k-1)$，q. item $(k-1)$；

3： form $L(k-1)p$，$L(k-1)q$

4： where p. item1$=$q. item1，&，p. item $(k-2)$；

5： p. item $(k-1)$ $<$q. item $(k-1)$；

6：for all itemsets do

7： for all k-1 subsets s of c do；

8： for $s \notin L\ (k-1)$ then；

9： delete c from$C\ (k)$；

10： *end.*

11： *end.*

12：*end.*

针对模糊认知超图的分解，以及针对各个子图的优化，实际上是一个组合优化的问题，因此，对于模糊认知超图的分解，可以采用组合优化的方法来解决。

因为模糊认知超图的分解过程可以看作一个问题的组合优化过程，因此本节研究使用模拟退火算法对模糊认知超图进行分解。

文献[110]首次提出模拟退火，该算法通过模拟高温物体的退火过程，来优化阈值的调整策略，从而找出组合优化问题的全局解或者是近似最优解。本节我们提出的是改进的快速分解模拟退火方法，这种方法的优点是退火的时间更短，能更快地到达收敛点。其具体过程如算法 7-4：

Algorithm 7-4 Simulated Annealing

Algorithm：

1：设初始状态 $N(0)$，最优状态 $N_{op} = N(0)$，当前状态 $N(k) = N(0)$，

初始温度 $T_1 = T_1(0)$，$T_2 = T_2(0)$

令 $i = 0$，p_1，$p_2 = 0.9$，置 $C = (v(v-1)/g(g-1))/M$；

2：以 T_1，$N(k)$，N_{op} 调用改进的 Metropolis 抽样算法，返回 T_1 温度最后得到当前状态 N^* 和最后的优化状态 N_{op}^*，并令 $N(k) = N^*$；

3：$f(N_{OP}^*) < f(N_{OP})$，则 $N_{OP} = N_{OP}^*$，$i = 0$，否则 $i = i+1$；

4：$T_1 = T_1 \times p_1$；

5：若 $i > H$，则转（6），否则转（2）；

6：以 N_{OP} 为最优值输出，结束。

其中，在上述算法中，函数 Metropolis 抽样算法的具体实现方法，可以描述为算法 7-5：

Algorithm 7-5 Metropolis 抽样算法

Algorithm：

1：令 $N^* = N(k)$，$N_{OP}^* = N(k)$，$j = 0$；

2：随机产生常数 R，若 $R < C$，则从 V 个子分割中抽取 g 个子分割，转 8；

3：若 $R \geqslant C$，则从 g 个子分割中随机抽取两个点进行交换（这两个点必须来自不同的子分割），产生候选状态向量；

4：若 $T_1 > 0.1$，按全部元素可变法产生候选状态向量 N_n^*，然后跳到 3，

若 $T_1 < 0.1$，按全部元素可变法产生候选状态向量 N_n^*，

然后，令 $T_2 = T_2 \times p_2$；

5：计算 $\Delta f = f(N_n^*) - f(N^*)$，若 $\Delta f < 0$，则转 5，否则转 7；

6：若 $f(N_n^*) < f(N_{OP}^*)$，则令 $N_{OP}^* = N_n^*$；

7：$N^* = N_n^*$，$j = j + 1$；

8：按概率 $e^{-\Delta f / T_1}$ 接受 N^*，若 N^* 可接受，可令 $N^* = N_n^*$，$j = j + 1$；

9：若 $j > M$，则转 7，否则转 2；

10：将 N_{OP}^*，N_n^*，返回到调用它的快速分解模拟退火算法；

11：其中，H，M 为收敛阈值

7.2   模糊认知超图的层次聚类方法

层次聚类是按照某种方法对数据集进行的层次分解。社会网络中

社区发现的层次聚类方法是将社区网络中的节点分成不同的层次，具有紧密连接关系的节点，一般要分到同一层中。层次聚类的依据包含两个方面，一个是节点之间的相似度，另外一个是节点之间的连接程度。

社会网络中社区发现中的凝聚方法和分裂方法是源于社会学中发现社区的一种层次聚类方法。凝聚方法是向网络中不断的添加边，分裂方法是对网络中的边不断的移除，这两种方法最终的结果都是把网络分成了不同的社区。具体来说，凝聚层次聚类使用的是一个自底向上的策略，其基本思路是：将网络首先看成一个空的网络，这个空网络中有 n 个孤立的节点，然后计算网络中任意两个节点之间的相似性，对相似性从大到小的进行排序，根据这个序列连接相应的节点对，直到满足某种条件，这样形成的网络结构就是对原来网络的一个划分，最终得到社团结构。

与凝聚方法相似，分裂算法采用的策略是从上往下的，它直接对原始网络进行操作，首先针对计算网络中的顶点，计算其与其他顶点的相似性，然后将相似性进行从小到大的排序，根据这个排列顺序，依次删除网络中相似性最低的顶点之间的边。重复这个过程，直到满足用户自定义的条件停止删除，这是一个网络逐渐被细分成小部分的过程，最终连通的子网络就是社区。

凝聚层次聚类和分裂层次聚类可以表示在一张图中，如图 7.1 所示：

基于普通图的层次聚类都是基于节点进行的，*Nature* 杂志的[111] Yong-Yeol Ahn 提出了基于边聚类元素的凝聚层次聚类方法，对节点近邻、边的相似度计算，以及划分密度等都进行了定义。其定义如下：

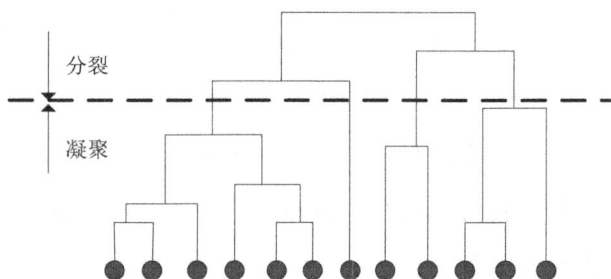

图 7.1 社会网络中社区发现的层次聚类算法示意图

定义 7-1 节点近邻

节点近邻的定义可以表示为公式（7-3）

$$n_+(i) = \{x \mid d(i, x) \leqslant 1\} \tag{7-3}$$

公式中 $d(i, x)$ 表示概念节点 i 与概念节点 x 的距离最短。

定义 7-2 边的相似度

边的相似度的定义可以表示为公式（7-4）

$$S(e_1, e_2) = \left\{ \frac{\mid n_+(e_1) \bigcap n_+(e_2) \mid}{\mid n_+(e_1) \bigcup n_+(e_2) \mid} \right. \tag{7-4}$$

其中边 e_1 和 e_2 相交存在相交点 k。

对于 M 条边 N 个节点的网络，把边分成 C 个子集的一个划分为 $P = \{P_1, \cdots, P_c\}$，子集 P_c 的边数为 $m_c = \mid P_c \mid$，节点数 $n_c = \mid \bigcup_{e_q \in P_c} \{i, j\} \mid$，定义社区 C 的连接密度可表示如（7-5）：

$$D_c = \frac{m_c - (n_c - 1)}{n_c (n_c - 1)/2 = (n_c - 1)} \tag{7-5}$$

定义 7-3 划分密度

划分密度的定义可表示为（7-6）：

$$D_c = \frac{2}{M} \sum_c m_c \frac{m_c - (n_c - 1)}{n_c (n_c - 2)(n_c - 1)} \tag{7-6}$$

文献[112]提出的方法是将图中的超边作为研究的对象，这种方法可以应用于社会网络中的层次结构社区发现，应用在结构社区的大部分数据集都得到了良好的效果，这种方法的另外一个优点是对于重叠社区的发现也是有效的。

该方法的基本算法流程可以描述如下：

（1）将模糊认知超图中的每一条超边都初始为一个社区，并基于相似度计算方法计算这些超边之间的相似度；

（2）根据计算出的相似度对超边进行聚类，聚类的过程中采用单链层次聚类方法，即首先选择具有最大相似度的边对，并根据边对合并有关联关系的社区；

（3）在每一次社区合并之后，都计算当前社区的划分密度，按照划分密度最大的度量，将对超边进行层次聚类的结果进行划分，从而最终得到社区结构。

在层次聚类算法中选择合适的分裂点与合并点是一个关键的工作，研究者们始终都没有提出一个统一的标准。因为一旦进行了凝聚和分裂，整个过程就是不断进行，即便是中间发现产生的簇的质量不高也是没有办法修改的，直到程序的结束。针对这种情况研究者对层次聚类算法进行了改进，提出了与传统聚类算法相结合的算法，如BIRCH，CURE算法等，但是目前的层次聚类算法都是基于普通图的，对于基于模糊认知超图的方法还没有发现。

第八章

超边聚合与节点重要性评估

8.1　模糊认知超图中超边相似度计算

在模糊认知超图中，超边包含多个节点，节点与其邻接点都会产生相互作用，发生关系。两个超边的相似性计算与超边中节点之间的关系是密不可分的，本章所考虑的超边相似性是基于相交超边来计算的。也就是说只有两个超边至少有一个节点是重合的情况下，才计算两条超边的相似性。

两条超边相交的情况有以下几种。

（1）两条超边至少存在一个节点相交的情况，如图 8.1 所示。

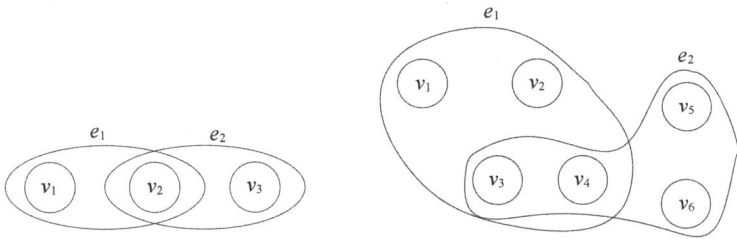

图 8.1　两条超边不完全相交

在这个图中我们可以看出，超边 e_1 和超边 e_2 相交的节点分别为 v_2 和 v_3，v_4。因为两条超边有公共节点，所以相似性主要计算不相交的部分，这一部分称为引入点集。这里需要定义一下节点 i 的邻接点集，可以表示如公式（8-1）所示。

$$n_+(i) = \{x \mid d(i, x) \leqslant 1\} \tag{8-1}$$

其中 $d(i, x)$ 的含义与公式（7-3）中的相同。这个集合包含了节点 i 及与节点 i 邻接的节点。超边 e 引入节点集的邻近节点集可表示为公式（8-2），

$$n_+(i) = \{x \mid d(i, x) \leqslant 1, i \in V_{e-c}\} \tag{8-2}$$

其中 V_{e-c} 表示在超边 e 中去掉核心点集 c 之后的引入点集。

（2）全部相交的两条超边的情况如图 8.2 所示。

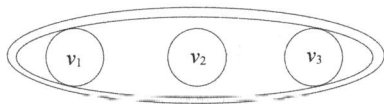

图 8.2 超边相交图

在图 8.2 中，我们可以看出两条超边是完全相交的，超边中的每个节点都在相交的区域里面。其实第二种情况是第一种情况的特殊形式。

在图 8.1 所描述的超边示意图中，节点 v_3 是超边 e_1 与 e_2 的核心点，并且在超边 e_1 中存在引入点节点 v_1 和 v_2，这两个引入点又存在于超边 e_1，e_3，e_4 中，依次扩展该超边所涉及的节点，则可得超边 e_1 与 e_2 的邻接点集，可以描述为 $n_+(e_1) = \{v_1, v_2, v_3, v_5, v_6, v_7\}$ 和 $n_+(e_2) = \{v_3, v_4, v_6, v_7, v_8\}$。而假如发生第二种情况，即 $n_+(e_1) = \phi$，$n_+(e_2) = \phi$，那么实际上，这种情况就是前一种情况的特殊情况而已。

基于超边引入节点的邻近节点的定义，给出两个超边的相似度计算，实际上，这两个超边的状态恰好对应着两种情况。

第一种情况是在两个超边中均没有别的子超边，对于这种情况来说，这两条超边的相似性可以使用欧几里得距离方法或者 Jaccard 相似性计算方法等来进行计算。在本节中，我们使用 Jaccard 系数计算

两条超边的相似性，这种方法可以使用公式（8-3）描述如下：

$$S(e_1, e_2) = \begin{cases} 0 \\ \dfrac{|\ n_+(e_1) \bigcap n_+(e_2)\ |}{|\ n_+(e_1) \bigcup n_+(e_2)\ |} \\ 1 \end{cases} \qquad (8\text{-}3)$$

当 $S(e_1, e_2) = 0$ 时，e_1 和 e_2 不相交，$S(e_1, e_2) = 1$ 时，e_1 和 e_2 相交，且 $n_+(e_1) = \phi$，$n_+(e_2) = \phi$，当值为其他时，e_1 和 e_2 相交，且 $n_+(e_1) \neq \phi$，$n_+(e_2) \neq \phi$，如图 8.1 所示，那么超边 e_1 和超边 e_2 的相似性计算方法可以使用公式（8-4）得出，值为 3/7 。

$$S(e_1, e_2) = \frac{|\ \{v_3,\ v_6,\ v_7\}\ |}{|\ \{v_1,\ v_2,\ v_3,\ v_5,\ v_6,\ v_7\}\ |} \qquad (8\text{-}4)$$

第二种情况是两条超边中至少有一条超边包含别的子超边。如果是这种情况，则超边的相似性可以通过存在于这两条超边中的子超边间的平均相似度来量化。

第二种情况中，使用子超边之间的平均相似性来表示超边的相似性，若超边 $E_1 = \{e_1^1,\ e_1^2,\ \cdots,\ e_1^j,\ \cdots,\ e_1^n\}$ 表示在聚类超边 E_1 中含有超边 $e_1^1,\ e_1^2,\ \cdots,\ e_1^j,\ \cdots,\ e_1^n$，若 $E_1 = \{e_1^1,\ e_1^2,\ \cdots,\ e_1^j,\ \cdots,\ e_1^m\}$，则超边的相似性可以用公式（8-5）计算。

$$S(E_1, E_2) = \frac{\sum\limits_{i}^{n} \sum\limits_{j}^{m} S(e_1^i, e_1^j)}{m \times n} \qquad (8\text{-}5)$$

若超边 E_1 和 E_2 各自仅仅拥有一条子超边，那么公式（8-5）实际上就已经退化为公式（8-3）了。

在原始超边的相似度计算过程中存在两种情况：第一种情况，两条超边不相交，那么两条超边的相似性为 0；第二种情况，两条超边相交，首先计算两条超边的核心节点集，超边 e_1 和 e_2 的核心节点集

可用 Vs（e_1，e_2）表示，再次计算两条超边的引入节点集，超边 e_1 的引入节点集用 Vi（e_1）表示，同理 e_2 用 Vi（e_2）表示，再次计算上面引入节点集的交集和并集，最后基于公式（8-5），对超边的相似性进行计算，算法如 8-1：

Algorithm 8-1 Procedure Similarity（e_1，e_2，B）

Input：e_1；e_2；B

Output：current Similarity set f/m

Algorithm：

1：$m=0$，$f=0$；

2：if（$e_1 \bigcap e_2 == \phi$）　　//判断两条边 e_1，e_2 是否相交；

3：　　$return$（0）；

4：$else$

5：　　$for\ each\ v \in V$

6：　　　if（$v \in e_1 \&\& v \in e_2$）

7：　　　　$vshare \leftarrow v$

8：　　　end

9：　　end

10：　　$V_1 \leftarrow Vset$（B，e_1，$vShare$）

11：　　$V_2 \leftarrow Vset$（B，e_2，$vShare$）

12：　　$V_1 == \phi \&\& V_2 == \phi$

13：　　$return$（1）

14：end

15：$for\ each\ v \in V$

16：　　$if\ v \in V_1 \parallel v \in V$

17：　　　　$m \leftarrow m+1$

18：   *else* $v \in V_1 \&\& v \in V_2$

19： $f \leftarrow f+1$

20：   *end*

21：   *return* （f/m）

22：*end*

第二种情况中，在其中一条超边中包含有多条原始超边，那么要进行求解超边的相似性，需要首先计算每一条超边所描述的原始超边集，然后使用公式（8-5）求得子超边的平均相似性的值，计算的过程可描述为算法 8-2：

Algorithm 8-2 Procedure Similarity （B_n，E_1，E_2，B，L，S）

Input：B_n，E_1，E_2，B，L，S

Output：average Similarity set s/m

Algorithm：

1：$i \leftarrow GetOrder$ （B_n，E_1）；//得到边 E_1 在 B_n 中的序中

2：$j \leftarrow GetOrder$ （B_n，E_2）；//得到边 E_2 在 B_n 中的序号

3：*for each* $k \in n$

4：   *if* $L(k) == i$

5： $Eset1 \leftarrow push$ （k）；//得到超边 E_1 包含的原始超边集的序号

6：   *end*

7：   *if* $L(k) == j$

8： $Eset2 \leftarrow push$ （k）；//得到超边 E_2 包含的原始超边集的序号

9：   *end*

10：*end*

11：*for each ii* ∈ *Eset*1

12： *for each ii* ∈ *Eset*2

13： *s*←*s*+*S*（*ii*，*jj*）//得到相似度的总和

14： *in*←*n*+1

15： *end*

16：*end*

17：*return*（*s*/*m*）//求得平均相似度

层次聚类用来找到密度最大是整个聚类过程中聚类的 k 条超边数目，特殊的情况为 $D=1$，这表示聚类之后发现整个社区就是一个社区。对于密度划分的计算方法可表示为算法 8-3：

Algorithm 8-3 Procedure Density（B_n，B，L）

Input：B_n，B，L

Output：D/m

Algorithm：

1：*D*←0；//初始化划分密度之和 *D*

2：*for each E* ∈ B_n //遍历 B_n 中每一条超边 E，计算超边的密度

3： B_{temp} ← []；

4： *num*←*GerOrder*（B_n，*E*）；//得到聚类超边在 B_n 中的序号

5： *for each i* ∈ *length*（*L*）

6： *if L*（*r*）==*num*

7： B_{temp} ← [B_{temp}，*B*（:，*i*）]

8： *end*

9： *end*

10： *while i*≤*length*（*E*）&& *j*≤*length*（*E*）//计算超边中
的节点数

11：　　　　$if\ E\ (j)==0$

12：　　　　　　$B_{temp} \leftarrow Delete\_row(B_{temp}，i)；E \leftarrow Delete\_row(E，j)$

13：　　　　$else$

14：　　　　　　$i \leftarrow i+1；j \leftarrow j+1;$

15：　　　　end

16：　　end

17：　　$[n，m] \leftarrow size（B_{temp}）$

18：　　$if\ m \leqslant 1$//根据公式计算每条 E 的划分密度

19：　　　　$D_c \leftarrow 0$

20：　　$else$

21：　　　　$D_c \leftarrow （sum（B_{temp}）/n-1）/（m-1）$

22：　　end

23：　　$D \leftarrow D+D_c$

24：end

25：$return（D/m）$//返回整个划分的平均密度

总之，在计算了超边的相似性，聚合集密度划分之后，就可以获得聚类方法的整个计算过程，其算法如 8-4 所示：

Algorithm 8-4 Procedure Superedge Cluster（B）

Input：B

Output：$cluster$

Algorithm：

1：$B_n \leftarrow B$;

2：$[n，m] \leftarrow size（B）$;

3：$for\ each\ i \in m$//初始化隶属矩阵

4：　　$L（i） \leftarrow i$;

5： $for\ each\ j\in M$ //计算原始超图的相似矩阵

6： $S\ (i,\ j)\ \leftarrow Similarity\ (B\ (:,\ i),\ B\ (:,\ j),\ B)$

7： end

8： end

9： $S_n\leftarrow S$ //初始化聚类超图的相似矩阵

10： $while\ m>1$

11： $[i,\ j]\leftarrow$ max (max (S_n)) //搜索出 S_n 中最大元素的位置

12： $\{B_n,\ L,\ S_n\}\leftarrow Merge\ (B_n,\ B_n\ (:,\ j),\ B\ (:,\ j),\ B,\ L)$

13： $if\ Density\ (B_n,\ B,\ L)\ ==$ max $\{Density\ (B_n,\ B,\ L)\}$

14： $return\ \{B_n,\ L\}$

15： end

16： $[n,\ m]\leftarrow size\ (B_n)$

17： end

8.2　超边的聚合过程

对模糊认知超图进行分层聚类，其主要的工作就是对超图中所存在的超边进行聚合，聚合的规则是首先对超边进行两两计算其之间的相似度，然后选择相似度最大的一对超边，对这对超边进行合并，合并后需要重新计算超图中的超边相似性矩阵，以及超边的隶属数组。

在超边聚合过程中，对超图中超边之间的相似性计算方法可描述为算法 8-5：

Algorithm 8-5 Procedure Merge $(B_n,\ E_1,\ E_2,\ B,\ L)$

Input： $B_n,\ E_1,\ E_2,\ B,\ L$

Output：B_n，L，S_n

Algorithm：

1：$i \leftarrow GetOrder$（B_n，E_1）；//得到边 E_1 在 B_n 中的序号

2：$j \leftarrow GetOrder$（B_n，E_2）；//得到边 E_2 在 B_n 中的序号

3：*for each* $k \in n$//n 是原始超边数

4：　　　$B_n(k，i) \leftarrow B_n(k，i) + B_n(k，j)$；//融合超边 E_1 和 E_2，

　　　　　　　　　　　　　　　　　更新 B_n

5：　　　*if* B_n（k，i）>1

6：　　　　B_n（k，i）$\leftarrow 1$；

7：　　*end*

8：*end*

9：$B_n \leftarrow Delete\_column$（$B_n$，$j$）；//删除 B_n 中的第 j 列

10：*for each* $r \in Length$（L）//更新 L

11：　　　*if* $L(r) == j$

12：　　　　$L(r) \leftarrow i$

13：　　　*else if* $L(r) > j$

14：　　　　$L(r) \leftarrow L(r) - 1$；

15：　　*end*

16：*end*

17：*for each* $ii \in Length$（S_n）//更新 S_n

18：　　　*if* $ii == i$ S_n（ii，i）$\leftarrow 0$

19：　　　*else if* $ii \neq j$

20：　　　　　S_n（ii，i）$\leftarrow SeSimilarity$（B_n，B_n（:，ii），

　　　　　　　B_n（:，i），B，L，S）

21：　　　　　S_n（i，ii）$\leftarrow S_n$（ii，i）

22：   *end*

23：   *end*

24：$S_n \leftarrow Delete\_column$（$S_n$，$j$）//删除 S_n 中的第 j 列

25：$S_n \leftarrow Delete\_row$（$S_n$，$j$）//删除 S_n 中的第 j 行

26：*return* $\{B_n，L，S_n\}$

对于描述整个系统中的模糊认知超图，其层次聚类过程就是不断地进行两个步骤的循环，包括寻找最大相似的超边对，以及进行相似超边对的融合。通过这两个步骤的循环执行，最后能够形成一个节点聚类。

如图 8.3 就是一个使用层次聚类方法的示意图，在该图中包含的概念节点数是 8，节点间形成的超边数是 6 条。

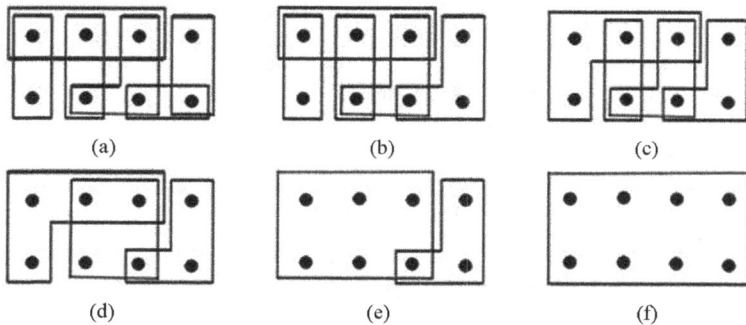

图 8.3　层次聚类实例

8.3　聚类树密度划分

层次聚类方法，能够通过超边的不断融合，从而使得整个聚类的结果形成一个树状图，对模糊认知图中的超边进行融合的过程，就是对社区进行不同层次的社区划分的过程。通过层次聚类方法，能够实

现不同层次需求的社区划分，但是要确定在聚类过程中的哪一层才是最佳的社区划分，仍然是一个需要解决的问题。

为确定进行最佳社区划分的聚类层次，本节中引入划分密度 D 的概念，并以此来控制聚类的层次。

如图 5.6 中的层次聚类过程中，为区分出来树状图的哪一个层次是最佳的社区划分，本书定义"划分密度"来衡量社区划分的质量。

假使存在一个表示社区的聚类超边，其中包含概念节点的个数是 n，原始超边条数是 m，且 $m \geqslant 1$，则可定义该聚类超边 E 的划分密度如（8-6）所示。

$$DC = \begin{cases} 0 & m=1 \text{ 时} \\ \dfrac{m_E-1}{m-1} & m>1 \text{ 时} \end{cases} \tag{8-6}$$

其中，m_E 是聚类超边 E 中每个概念节点所在的原始超边数的平均值，其计算方法如公式（8-7）所示：

$$m_E = \frac{\sum\limits_{i=1}^{n} m_E^i}{n} \tag{8-7}$$

在公式（8-7）中，m_E^i 表示聚类超边 E 中第 i 个节点所在的原始超边数。

在密度划分的表示公式中，DC 数值越大，则表示聚类过程中该点存在于一个超边中的概率越大，也就是说，在该模糊认知超图所表示的系统中，该概念节点参与一个共同事件的概率越大，同时也就可以说明，这两个或多个概念节点之间的相似度也就越高，社区内连接程度也越高。

8.4 节点重要性评估方法

随着社会网络时代的到来，在多关系复杂网络中，网络的抗毁性和脆弱性越来越受到众多研究者的青睐，研究网络的抗毁性和脆弱性成了一个重要的课题。

网络的抗毁性指的是当网络中的某个节点被删除时，整个网络的结构和功能的完整性发生的变化。因为网络的完整性与网络的动力学过程是息息相关的。当网络中对其结构和功能完整性起到重大作用的节点被摧毁时，网络会分解成很多零散的子网络。可见，网络的健壮性对于网络的稳定性是有利的，对于网络中节点进行重要性评估，找到关键点，并且对关键点进行保护，对于网络的完整性是有益的。

比如，当有一个疾病在网络中传播时，首先对网络中节点的重要性进行评估，找到对网络起到重要作用的节点，对该节点进行攻击或删除，这样能够有效地阻止疾病的传播，对保障社会的公共安全事业有重要的作用。

研究者对网络节点的重要性提出了很多计算方法，但是很多方法来源于图论的数据挖掘。有关社会网络中的节点重要性研究者也做了很多的研究，大体分为以下几个方面。

（1）传统方法，这种方法的主要思想是通过搜索网络中节点的属性信息（比如：度、最短路径等），接着对节点的属性评估分析，对评估进行排序，利用这种方式来区分节点之间的不同。

（2）节点删除法，这种方法是基于图论中点割集的概念，利用"破坏性与重要性等价"的观点，即在完整的网络中，当删除一个节点时，计算该节点删除后对网络结构和功能的完整性造成破坏性的程度。这种破坏程度即是节点的重要性。

（3）动态网络分析，这种方法是利用网络中节点之间的关系，以及这种关系的变化来描述网络的动态行为。动态网络中把网络分析与认知科学相结合，使得网络智能体更能够适应网络。

本节借鉴场的理论，提出一种基于数据场势下降（Potential Reduction Algorithm，PRA）的方法，对网络中的节点重要性进行分析，来发掘网络中的关键点。

8.4.1　数据场理论

英国物理学家法拉第首次提出了场的概念，之后提出有关场的理论，在这个理论中他提出空间中的任何物体之间都存在相互作用。

这种作用的传递是要通过某种中间物质的，这种传递相互作用的中间物质就是场。比如，磁铁之间的磁力作用等。文献[113]认为，在数据空间中的每个数据都可以看作有质量的一个质点，在质点的周围存在着一位作用场，在场中的每一个数据对象都会受到该数据的作用，每个质点作用的空间可以看成是一个数据场。

数据场的理论包含几个方面的内容，在同一个范围之内，其中任意一个数据都与除自身之外的数据发生相互影响关系。节点并不是孤立的，也就是说数据空间中的每一个点都会对空间中的任何点产生影响，同时也会受到其他所有点的影响。质点作用力的范围称为数据场，数据场在空间中存在一定的分布规律。节点之间相互作用的影响大小和数据自身的质量和数据作用其他数据的距离大小有关。

根据数据场的理论，可对数据场中的数据对象进行定义，把数据域中的问题投影到数据场中，利用数据场的理论方法进行求解，从而最终研究数据之间的相互关系。

数据场是通过数据之间被称为辐射的作用力形成的，这种辐射作用可以用场强函数描述。数据场中场强函数的标准是根据物理学中的稳定有源场的势函数性质定义的。

其定义如下：在给定空间$\mathfrak{R}$中的任意数据x，$\forall y \in \mathfrak{R}$，数据$x$在点$y$处的势值为$\phi_x(y)$，则$\phi_x(y)$应该同时满足以下几个条件：

（1）$\phi_x(y)$是数据场空间$\mathfrak{R}$中的连续、单调、有限函数。

（2）$\phi_x(y)$在每个方向都是同性的。

（3）$\phi_x(y)$是距离$\|x-y\|$的单调递减函数。

符合$\phi_x(y)$条件的函数都可以用来表示数据场的势函数。在本节的研究中，基于物理学中的重力场势函数，提出使用核力场函数，并最终选择该函数，对数据中的相互关系进行分析。

核力场的势函数可以用公式（8-8）来表示：

$$\phi_x(y) = m \times e^{-\left(\frac{\|x-y\|}{\sigma}\right)^k} \tag{8-8}$$

在公式中m用来表示数据对象的质量，$\sigma \in (0, +\infty)$为影响因子，用来表示对象之间相互作用的力度。$k \in N$用来表示距离指数，$\|x-y\|$为两点之间的距离，也就是场作用的辐射距离。根据文献分析和公式可以看出，指数函数是一个减函数，k取值越小越能代表短程场的势函数。当$k=2$时，$\phi_x(y) = m \times e^{-\left(\frac{\|x-y\|}{\sigma}\right)^2}$是一个高斯函数，因为高斯函数的数学性质良好，并且普适性相对别的函数要好，所以本书使用高斯函数来表示在认知行为下的数据场的性质。

以数据场的特点为基础，研究多个数据的数据场的分布情况以及每个数据对除了自身之外数据的作用规律。数据场中的任何数据都可以向外辐射能量，在数据空间中的每个数据都可以受到这种辐射能量的影响。在数据空间中的任意一点都可以受到数据辐射能量的影响，这些辐射能量的加和为空间中点的势。

数据场的势是数据场中的某一点受到所有数据辐射能量的和，用来度量和的强弱。

给定空间 $\Omega \subseteq \mathfrak{R}^p$，在空间中包含有 n 个对象的数据集 $E = \{v_1, v_2, \cdots, v_n\}$ 及这些对象所产生的数据场，对于空间任意一点 $v \in \Omega$，其中 $v \in \Omega$ 受到场中数据辐射的势可以表示如公式（8-9）所示：

$$\varphi(x) = \sum_{i=1}^{n} \varphi_i(x) = \sum_{i=1}^{n} \left(m_i \times e^{-\left(\frac{\|v-v_i\|}{\sigma}\right)^i} \right) \qquad (8\text{-}9)$$

公式（8-9）的参数与（8-8）的参数一样，并且如果 $v = v_i$，则有 $\|v - v_i\| = 0$。

8.4.2 PRA 方法

将数据场理论引入到社会网络中评估关键点，前人已经做了很多的工作，但是这些工作一般是基于简单图的研究。在这些研究中都没有对数据场中数据点的质量进行探讨，有的文章中也提到了质量，这些研究不是在节点质量相等的条件下进行的，就是利用节点的度作为衡量质量的方法进行的探讨。

在实际的研究工作中，节点的质量用来表示节点的固有属性，比如行动者的背景等。综合来看，节点的固有属性是不能忽略的，具有丰富的含义，所以在研究中应该考虑节点的质量。本节重点对节点的多属性映射到节点质量进行研究，并且把数据场理论方法引入到模糊认知超图模型中应用。

基于数据场理论，对社会网络建立模糊认知超图模型，在模糊认知超图基础上将数据空间映射到数据场空间，对问题进行分析求解。数据场中的数据集合可以用模糊认知超图中的顶点表示，数据场中的数据对除了自身之外的节点都有作用，这种作用形成的场为作用场。在场中的任意一点都会受到除了自己之外的所有点的相互联合作用，这种相互作用称为节点的影响力。影响力会随着网络距离的增加而减小，也就是说这种相互作用具有局域性。我们也是采用普适性和数学性质良好的高斯函数来表示节点之间的相互作用。节点 v_i 的势表示为 IV（i）如（8-10）所示：

$$PV(i) = \sum_{j=1}^{n} \varphi_j(v_i) = \sum_{j=1}^{n} \left(m_j \times e^{-\left(\frac{|v_j - v_i|}{\sigma}\right)^2} \right) \qquad (8\text{-}10)$$

公式（8-10）中参数表示的意义与公式（8-8）中表示的意义相同。

数据场中的势用来度量数据场中的某一点受到除了自身节点以外的所有数据作用能量总和的大小。在社会网络中，每个网络节点的势用来描述这个节点受到除自身节点之外成员的总和影响程度。这种总的影响程度，也可以比喻为当一个数据成员被添加到模糊认知图的网络中时，其存在于该网络之后所获得的"收益"。

网络势 NP 可表示如公式（8-11）所示：

$$NP = \sum_{i=1}^{n} PV(i) = \sum_{i=1}^{n} \sum_{j=1}^{n} \left(m_j \times e^{-\left(\frac{|v_j - v_i|}{\sigma}\right)^2} \right) \qquad (8\text{-}11)$$

公式（8-11）中参数表示的意义与公式（8-8）中表示的意义相同。可以看出网络势 NP 表示网络中每一个成员从网络中所获的收益之和。

网络中的某个成员不仅会受到其他成员的影响，同时也会影响其他的成员。网络中的成员都会从其他成员获益，获益的总和也就是网络势。如果我们想知道其中一个成员对其他成员的影响程度，也就是评估这个节点的重要性时，可以这么做：删除这个成员节点，计算网络中势的下降值。因为网络中的成员不仅有自身的属性，还有对其他成员的影响，所以当这个成员退出时，网络的势值便会下降。节点势值下降可以定义如公式（8-12）所示：

$$IVDR\ (i) = \frac{IV\ (i)_0 - IV\ (i)_1}{IV\ (i)_0} \qquad (8\text{-}12)$$

其中公式（8-12）$IV\ (i)_0$ 是节点 v_i 的初始值，$IV\ (i)_1$ 是网络变化后的值。

因为网络势用来评价整个网络的收益大小，当一个成员参与或退出该网络时，这个势值都会发生变化，如果要评估成员节点对网络的重要性，可以用这个成员节点对于整个网络的网络势的影响大小来衡量。本书使用的是网络势下降值，其计算公式如（8-13）所示：

$$NPDR = \frac{NP_0 - NP_1}{NP_0} \qquad (8\text{-}13)$$

其中公式（8-13）中 NP_0 表示网络势的初始值，NP_1 表示网络势变化后的值。

本节对网络评估的思想是这样的：当网络中的一个节点被删除后，如果网络势下降得越大，那么说明这个节点对整个网络的影响程度就越大，也就说明这个节点对于整个网络来说就是非常重要的。同样我们可以推出节点势值，节点势值的下降程度是用来评估节点对于另外一个节点的影响程度的。

基于对数据场的分析，对于社会网络中节点的重要性评估有如下思路：

首先将数据场理论引入到模糊认知超图模型中，计算模糊认知超图中的节点的质量、辐射距离以及影响因子，构建基于数据场的社会网络的模糊认知超图。当计算模糊认知超图中任意一个节点的势时，首先计算网络中总的势，记为 M_1。其次，在总势的基础上将其中一个节点删掉，再次计算此时网络中的总势 M_2。将势前后的变化量 M_1

$-M_2$ 记为被删除节点的势。也就是说，每一个节点的势是用整个网络中势的变化值来表示的，这个势即为模糊认知超图中节点对整个网络的重要程度。

节点重要性评估的网络势变化流程图如图 8.4 所示。

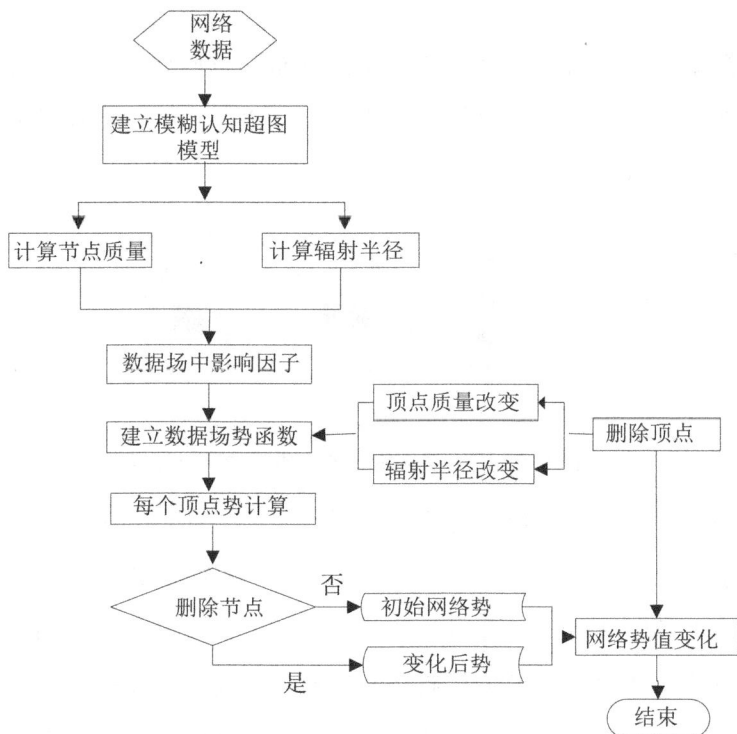

图 8.4 网络中每个节点重要性计算流程图

依据公式（8-13），给定网络中节点的数目，可以用变量 n 来表示（也就是 n 是已知的），如果要计算给定网络中某个成员的势值和网络势，必须首先计算三个变量的值：节点的质量（m），辐射的距离（$\| v_i - v_j \|$）以及影响因子（σ）。接下来就对这三个变量进行详细的分析。

模糊认知超图节点质量计算

节点质量用来描述节点辐射能力的大小。也就是说，节点的质量越大，节点辐射的能力也就越大。

在社会网络中，网络中的节点重要性可以用质量来衡量，质量是节点存在于一个网络中的固有属性，可以用变量 FV 来表示网络中节点的质量。

根据社会网络中每个节点的属性分布，将属性映射为特征值，通过属性与特征值的关系建立特征值与质量之间的一一对应关系，其关系如图 8.5 所示。

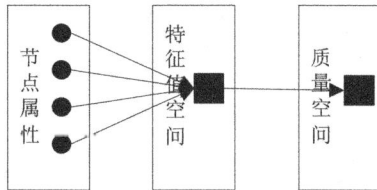

图 8.5 节点多属性到节点质量的映射过程

映射过程可以用数学的形式来描述：节点属性和节点的质量的映射关系可以用 $m = f(FV)$ 来表示，其中 m 是因变量，称为质量函数，用来反映节点能够辐射的能力大小；FV 是自变量，用来表示节点的属性。图中可以看出，质量与属性之间是一对多的关系，也就是说质量函数是一个关系属性 FV 的多元关系。因为是多元关系，所以存在多个自变量，多个待定系数。为了简单起见，可以把多变量先进行线性变换，将多个变量值用一个能够反映多变量值的综合变量值 z 来表示。可以将多变量投影到特征空间中，将多变量映射为特征空间中的一个值，由此可以建立属性空间与特征空间的函数关系，可用 $m = f(z)$ 来表示。$m = f(z)$ 的函数关系可以用来代替 $m = f(FV)$ 的关系特征，也就是说 $m = f(z)$ 是质量函数。

计算节点的质量的方法，可以分为以下几部分：

（1）整理数据

在模糊认知图表示的社会网络中，每个节点有很多属性，这些属性的种类很多，可以是类似于活跃程度的固有属性，也可以是节点度这样的从拓扑空间中获得的属性。

得到的属性（如节点的度）。在社会网络的分析中我们对于属性的选择标准是忽略与具体分析无关的其他属性，使用与具体分析相关的属性。如在社会网络中的成员，我们考虑其活跃程度，年龄、性别等属性可以忽略。在社会网络中每个成员的影响力和活跃程度，可能使用不同的量纲来记录的，必须将这些不统一的属性评估使用归一化方式进行处理。首先，将属性的数值统一转换到区间上，这个区间一般会定义为［0，1］。归一化的方法有很多种，本节选择的是与属性相关的归一化变化方式，若属性值越大对质量的影响程度也就越大。

其处理的公式如公式（8-14）所示：

$$fv_i^* = \frac{fv_i - fv_{\min}}{fv_{\max} - fv_{\min}} \qquad (8\text{-}14)$$

公式（8-14）中的变量 $fv_{\max}$ 表示属性的最大值，而变量 $fv_{\min}$ 表示属性的最小值。变量 fv_i 用来描述属性归一化之间的值，变量 fv_i^* 表示属性归一化之后的值。

在归一化的过程中要考虑分母为 0 的情况，这种情况应该在归一化中删除掉。在归一化之后，属性值的大小与节点的质量是成正比关系的，即属性值越大，其质量也就越大。

（2）建立投影规则函数

投影规则函数是用来将属性空间转换到特征值空间的一种转换规则函数，把投影空间中 $FV = \{fv_1, fv_2, \cdots, fv_n\}$ 综合成以 $a = \{a_1, a_2, \cdots, a_n\}$ 为投影方向的一维投影值 z_i。其规则函数可以表示如公式（8-15）所示：

$$z_i = \sum_j^n a_j f v_i \quad j = 1, 2, \cdots, n \qquad (8\text{-}15)$$

节点中的每一个属性的权重都可以用投影方向表示，投影方向 $a-\{a_1, a_2, \cdots, a_n\}$ 的计算需要从两个方面来考虑。在第一个方面中，关于投影的线性变换，这个变换是在大量领域知识的基础上进行的，通过这些知识可以求出公式（8-15）中的变量。第二个方面就是没有任何的先验知识只有属性值的情况。对于第一个方面，可以把每个属性进行成对比较，然后利用成对比较的值，计算得到节点中每个属性的权重值，基于每个属性的权重可以求得每个节点的综合属性的权重 z_i。第一个方面中主要是人工定性分析来确定节点中每个属性的投影方向，因为有人的参与，所以得到的结果不具备客观性的条件。在一般的研究工作中我们会在排除人干预的情况下，进行属性投影方向的计算，也就是投影方向要考虑的第二个方面。没有先验知识的情况，在这种条件下首先计算节点所有属性的散布情况，根据计算得到的散布特征构建投影的规则函数，这个函数可以求得投影方向。有关投影的散布特征可以表述如下：在投影方向上的点在局部上越是密集说明结果越好。

最好是整齐的一些簇，而整体上投影越分散越好，这样能够分清楚每个簇。投影的规则函数可以描述如公式（8-16）所示：

$$Q(a) = S_z D_z \qquad (8\text{-}16)$$

其中变量 S_z 表示投影值 z_i 的标准差，D_z 用来表示投影值 z_i 在投影空间中的局部密度值。S_z 可以使用如公式（8-17）来计算：

$$S_z = \sqrt{\frac{\sum_{i=1}^n (z_i - E(z))^2}{n-1}} \qquad (8\text{-}17)$$

D_z 可以使用如公式（8-18）来计算得到：

$$D_z = \sum_{i=1}^{n} \sum_{j=1}^{n} (R - r(i,j)) \qquad (8\text{-}18)$$

其中 $E(z)$ 为 z_i 的平均值。R 为局部区域密度的窗口半径，R 的选取要考虑两方面的情况，第一，窗口内的投影点个数不能太少，并且随着 n 的增加其值变化不能太大。第二，选取的窗口应该使得节点的辐射强度层次区分明显，这就要求投影点之间应尽可能地分散。因此构造投影规则函数如公式（8-19）所示：

$$Q(a) = S_z \qquad (8\text{-}19)$$

一旦给定了属性值，投影规则函数 $Q(a)$ 会随着投影方向的变化而变化。每一个方向都表示数据的一个结构特征，也可以说投影的每个方向的分量值表示数据中每个属性的属性值也就是属性的权重。最佳投影方向是尽可能反映高维空间中属性的投影方向，若属性值的取值范围很大，说明属性的分布是很分散的，表现在投影方向上就是该投影方向的分量也就越大，对于每一个属性来说，就相当于该方向得到的权重值越大。所以，如果能够获得投影规则函数的最大值，也就找到了属性投影的最佳方向。

最大化目标函数：$\max Q(a)$

约束条件：$\sum_{i=1}^{n} a_i^2 = 1$

根据求得的 a 的值，可以得出投影 z 的值，根据质量函数 $m = f(z)$ 可以求得节点的质量。从上述的分析可以看出，如何构建合适的投影规则函数是对节点的质量计算的关键。但是具体问题要具体分析，在每一种应用中要根据情况选择尽可能适合的投影规则函数。

模糊认知超图节点辐射距离计算

把数据场的理论引入到模糊认知超图中，其相对于普通图的变化是节点辐射距离的计算方法的改变。若模糊认知超图模型中有两个点 c_1 和 c_2，节点 c_1 和节点 c_2 之间有无数的路径，这些路径可以用来作为传递辐射强度的介质。一般情况下，选取路径长度最短的路径即最短路径作为节点 c_1 到节点 c_2 之间的辐射距离。如果为均齐模糊认知超图，这个模糊认知图就是一般的普通模糊认知图，在普通图中节点之间的路径可以使用 Floyd 算法[114]来计算得到。但是这种算法在以超边表示关系的模糊认知超图模型中是不适用的。本节首先来定义模糊认知超图中两点之间的最短路径长度。

定义 8-1　回路

若在模糊认知超图 $H = (V，E)$ 中，超图的路径长度为 q，这个路径可以用 $(v_1，e_1，v_2，e_2，\cdots，v_{q+1}，e_{q+1})$ 这样顶点与超边交错的序列来表示，并且这个路径要满足以下几个条件：

（1）$v_1，v_2，\cdots，v_{q+1}$ 为 H 中互异的顶点；

（2）$e_1，e_2，\cdots，e_q$ 为 H 中互异的超边；

（3）$v_k，v_{k+1} \in E_k$，$k = 1，2，\cdots，q$。

通常将路径 $(v_1，e_1，v_2，e_2，\cdots，v_{q+1}，e_{q+1})$ 称为 $v_1 - v_{q+1}$ 路径，记为 $P(v_1 - v_{q+1})$。如果满足条件（2）（3），则称为超链，将 $q \neq 1$ 且 $v_{q+1} = v_1$ 的超路径称为长度为 q 的超回路。

在模糊认知超图 H 的每条超边，假定选定一条超边为 e_j，而该条超边的权重为 $w(e_j)$，那么模糊认知超图被称为带权重的模糊认知超图，则图中的任意两个节点之间的全部路径的权重可以用公式（8-20）来表示：

$$w(v_1 - v_{q+1}) = \sum_{j=1}^{q} w(e_j) \tag{8-20}$$

超图 H 中的两点 v_i 和 v_j 的最短路径为具有最小权重的 $P(v_1 - v_j)$。

定义 8-2　超图的邻接矩阵

定义边权超图 $H=(V, E)$ 的权矩阵 $W=(w_{ij})_{n \times n}$，其中

（1）若邻接矩阵 S 中 $s_{ij}=1$，即 v_i，v_j 在 H 中相邻，v_i，$v_j \in e_k$，则 $w_{ij}=w(e_k)$。

（2）若邻接矩阵 S 中 $s_{ij}>1$，即 v_i，v_j 在 H 中 δ 次相邻，即 v_i，$v_j \in e_k$，$\forall k \in j \subseteq \{1, 2, \cdots, m\}$，且有 $|J|=\delta$，则 $w_{ij}=\min\limits_{k \in J}(w(e_k))$；

（3）若邻接矩阵 S 中 $s_{ij}=0$，即 v_i，v_j 在 H 中不相邻，则 $w_{ij}=\infty$ $(i \neq j)$ 或 $w_{ij}=0$ $(i=j)$。

节点辐射距离算法的思想。距离矩阵 D 的初始值可以用权重矩阵 W 表示，即 $D^{(0)}=W$，若模糊认知超图中的两个节点同时包含于多条超边中，那么则把权重最小的路径作为两个节点之间的初始距离。

首先构建距离矩阵 $D^{(1)}=(d_{ij}^{(1)})_{n \times n}$，矩阵中的元素 $d_{ij}^{(1)}=\min\{d_{ij}^0, d_{i1}^0+d_{1j}^0\}$ 用来表示节点 v_i 到节点 v_j 之间长度为 v_1 的最短路径。

同样，可以构造距离矩阵 $D^{(2)}=(d_{ij}^{(2)})_{n \times n}$，矩阵中的元素 $d_{ij}^{(2)}=\min\{d_{ij}^1, d_{i2}^1+d_{2j}^1\}$ 用来表示节点 v_i 到节点 v_j 之间长度为 v_1，v_2 的最短路径。

同理，可以构造距离矩阵 $D^{(k)}=(d_{ij}^{(k)})_{n \times n}$，矩阵中的元素 $d_{ij}^{(k)}=\min\{d_{ij}^k, d_{ik}^k+d_{kj}^k\}$ 用来表示节点 v_i 到节点 v_j 之间长度为 v_1，v_2，$\cdots$，v_k 的最短路径。

若 $k=n$，距离矩阵可以表示为 $D^{(n)}=(d_{ij}^{(n)})_{n \times n}$，其中 $d_{ij}^{(n)}$ 为节点 v_i 到节点 v_j 所有路径中的最短路径长度，在节点 v_i 到节点 v_j 之间可以加入任何顶点。所以，与距离矩阵 $D^{(n)}$ 同时生成的插入点矩阵 R，可以在距离矩阵求解的迭代过程中同时求解出来。最短超度对应的最短路径可基于插入点，使用逆着查找矩阵的方法得到。其距离矩阵的最短路径求解算法可以表示为算法 8-6 所示。

Algorithm 8-6 Procedure SuperShortsPath（S，W）

Input：S

Output：W

Algorithm：

1：$[n,\ n] \leftarrow size（S）$；

2：$num \leftarrow 0$；

3：$D \leftarrow W$；$R \leftarrow (r_{ij})_{n \times n}$；

4：$while\ num \geqslant n$

5：　　$itempD \leftarrow D_r$；

6：　　$for\ each\ i \in n$

7：　　　$for\ each\ j \in n$

8：　　　　$if\ tempD（i,\ j）>tempD（i,\ t）+temp（t,\ j）$

9：　　　　　$D（i,\ j）\leftarrow tempD（i,\ t）+temp（t,\ j）$；

10：　　　　　$R（i,\ j）\leftarrow num$；

11：　　　　$else\ D（i,\ j）\leftarrow D（i,\ j）$

12：　　　end

13：　　end

14：　end

15：end

16：*return* D

在以上对辐射距离的求解算法过程中，使用了数据场理论来进行求解，其具备如下几个优点：

（1）对于节点质量进行深入的研究，把节点的多种属性投影到节点综合属性上，从而以此来表示节点的质量，这种方法考虑到了节点的多种属性。

（2）把数据场理论扩展到模糊认知超图模型中，应用更广泛。

（3）根据节点删除后网络的拓扑变化的影响，通过节点的影响度下降率评估一个节点对于另一个节点的影响程度。

模糊认知超图影响因子的计算

在本节的影响因子计算过程中，依据高斯函数 $\phi_x(y) = m \times e^{-\left(\frac{\lvert x-y \rvert}{\sigma}\right)^2}$ 作为对应核力场的势函数。由高斯函数的特征规则可知：对于每个节点的辐射区域，该区域总是以节点位置为中心，以 $\frac{3\sigma}{\sqrt{2}}$ 为半径，形成一个圆区域。也就是说，在一个模糊认知超图中，两个概念节点之间的相互作用的最远距离为 $\frac{3\sigma}{\sqrt{2}}$，根据在系统初始化时给定的节点位置中心和影响半径，就可以求出势函数。

对于影响因子 σ 的选择，将直接影响数据场空间的分布形式。影响因子的选取标准是：需要使数据场中的势分布最大可能地与数据的内在分布保持一致。在本节中，影响因子的选择方法如算法 8-7 所示：

Algorithm 8-7 Procedure Computefactor（D）

Input：D

Output：σ

Algorithm：

1：$a \leftarrow \frac{\sqrt{2}}{3} \min\ (\min\ (D))$；$a \leftarrow \frac{\sqrt{2}}{3} \max\ (\max\ (D))$；$r \leftarrow \frac{\sqrt{5}-1}{2}$；

2：$\sigma_1 \leftarrow a+(1-r)\ (b-a)$；

3：$H_1 \leftarrow call$

4：$while\ abs\ (b-a) > \varepsilon$

5：　　$if\ H_1 < H_r$；

6：　　　　$b \leftarrow \sigma_r$；$\sigma_r \leftarrow \sigma_1$；$H_r \leftarrow H_1$；

7：　　　　$\sigma_1 \leftarrow a+(1-\tau)\ (b-a)$

8：　　　　$H_1 \leftarrow call$

9：　　$else$

10：　　　　$a \leftarrow \sigma_1$；$\sigma_1 \leftarrow \sigma_r$；$H_1 \leftarrow H_r$

11：　　　　$\sigma_r \leftarrow a+\tau\ (b-a)$

12：　　　　$H_r \leftarrow call$

13：　　end

14：end

15：$if\ (H_1 < H_r)$

16：　　$\sigma \leftarrow \sigma_1$

17：$else$

18：　　$\sigma \leftarrow \sigma_r$

19：end

20：$return\ \sigma$

本节对于节点的质量、辐射距离，以及影响因子三方面的计算方法进行了详细的分析和阐述。本节中所阐述的方法与文献[115]的区别在于，本节的方法是在对节点质量进行扩展的基础上进行的研究，把节点多属性投影到特征空间，再根据特征空间与节点质量的对应关系，计算多属性映射到节点质量的情况。这种方法考虑了节点的多种属性的情况，对于节点属性的考虑，可以更好地反映出节点属性对社会网络中节点重要性的影响程度。本书将数据场理论与方法引入到模糊认知超图的建模过程中，并且将节点的属性直接应用到节点的建模过程中。

第九章

多关系网络的社区发现

在对复杂系统进行了组织结构的研究之后，我们了解到复杂网络的组成都有异质性，基于异质性可以把网络看成这样的结构：网络中的顶点一部分结合得非常紧密，联合组成一个群落，这些群落的结构再松散地构成大的网络结构，这种结构即为社区。

社区在社会网络中有非常重要的作用，它不仅能够表示网络资源的分布，也可以表示社会网络结构，能够充分地表示出网络的模块化和异质性等特点。研究人员在对于社会网络中社区的研究中发现，社会网络中关于社区的研究有利于我们知道网络的构造，网络由不同的层次结构构成的，并且不同的结构会有不同的功能，网络中的节点根据相似性构成社区，社区之间是相互联系又是相互独立的。

社区结构与系统的功能有很强的对应关系，比如：在论文引用的网络中，社区代表了不同的研究方向；在微博中，社区对应了人们感兴趣的不同主题，如此等等。社区发现成为复杂网络结构中的一个热点问题。虽然近年来的研究中，研究者们提出了许多的挖掘算法，但是这些算法大多基于普通图的研究。

HMETIS 算法利用模糊认知超图模型可以实现社会网络中的社区发现，但是基于模糊认知超图模型的社区发现的理论基础是图论中的分解理论，由于图论的分解方法的局限性，使得这个算法在发现社会网络中的重叠社区方面无能为力，是无效的。

本节提出了一种基于模糊认知超图层次聚类的社会网络的社区发现方法。

9.1　多关系网络的社区发现

社会网络中社区发现中的凝聚方法和分裂方法是源于社会学中发现社区的一种层次聚类方法。凝聚方法是向网络中不断地添加边，分裂方法是对网络中的边不断地移除，这两种方法最终的结果都是把网络分成了不同的社区。具体来说，凝聚层次聚类使用的是一个自底向上的策略，其基本思路是：将网络首先看成一个空的网络，这个空网络中有 n 个孤立的节点，然后计算网络中任意两个节点之间的相似性，对相似性从大到小地进行排序，根据这个序列连接相应的节点对，直到满足某种条件，这样形成的网络结构就是对原来网络的一个划分，最终得到社区结构。社区的结构如图 9.1 所示。

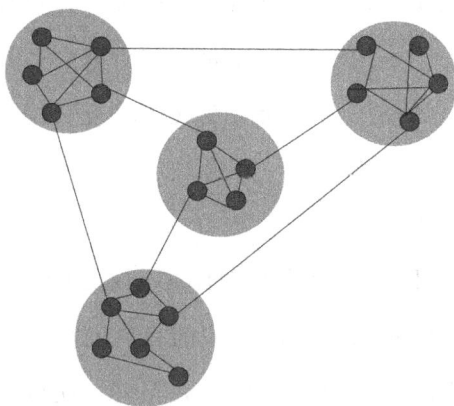

图 9.1　网络的社区结构，阴影对应社区

基于社会网络的模糊认知超图模型，采用凝聚层次聚类的思想，将超边作为聚类的基本单位，计算超边之间的相似性，将相似性进行排序，对相似性最大超边依次进行合并，将合并之后的超边看作是一

个新生成的超边，在聚类算法中需要一直找相似性最大的超边，将这些超边一直聚合，直到合成一条超边。这条超边就是一个社区。

为了评估所形成社区的质量，本书定义了划分密度，利用最大密度值划分出合适的社区结构。

模糊认知超图超边分层聚类方法可描述为：首先，对模糊认知超图的关联矩阵进行初始化，然后合并模糊认知超图的关联矩阵，最后计算超边的相似度和隶属数组。具体可描述为：

（1）假定模糊认知超图模型对应的关联矩阵为 B，基于模糊认知超图构建社会网络的初始模糊认知超图，根据关联矩阵的定义得到初始的关联矩阵，这个矩阵在计算过程中是不变的，只是用来表示处于初始状态下的模糊认知超图的各节点状态，在这种情况下，模糊认知超图中的超边也被称为原始超边。

（2）多个关联矩阵被合并为 B_n，在合并关联矩阵的过程中，关联矩阵中的一行一般用来表示模糊认知超图模型的概念节点，关联矩阵中的一列表示一个层次聚类结果中的超边。一个社区用层次聚类超边表示，而在这个社区中可以包含一条也可以包含多条超边。

（3）隶属数组 L，隶属数组用来存储原始超图中的聚类超边，数组的下标值 L 表示原始超图中的第几条超边。例如：$L(i)=j$ 表示融合后的第 j 条超边，这条超边实际上是聚合了超图模型中原始超边集合中的第 i 个超边，聚类的合并过程从而被完整地保存下来。

（4）计算所有超边的相似度，通过计算超边相似度可以得到一个 $M \times M$ 矩阵，其中 M 为聚合矩阵 B_n 中的聚类超边数，所生成的这个矩阵被称为超边相似性矩阵 S_n，$S_n(i, j)=s$ 为第 i 条超边和第 j 条超边的相似度。

根据模糊认知超图层次聚类方法的基本思想，随着聚类操作的进行，B_n，L 和 S_n 随之更新，直到最后满足某种条件，程序停止。其方法的具体流程如图 9.2 所示：

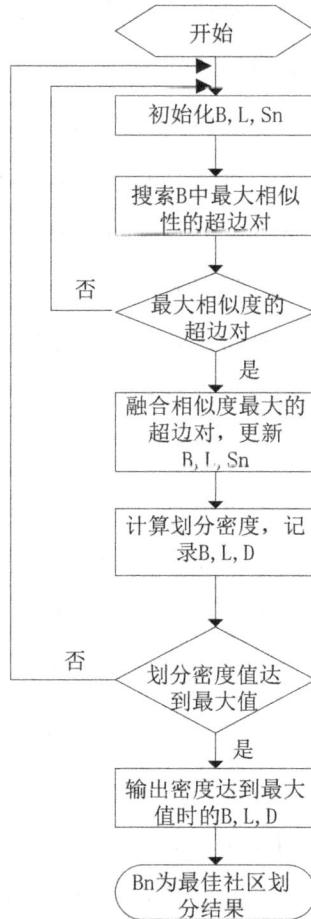

```
                    开始

            初始化B, L, Sn

          搜索B中最大相似
            性的超边对

    否      最大相似度的
            超边对
                    是
          融合相似度最大的
          超边对，更新
            B, L, Sn

          计算划分密度，记
            录B, L, D

    否      划分密度值达
            到最大值
                    是
          输出密度达到最大
          值时的B, L, D

          Bn为最佳社区划
            分结果
```

图 9.2　模糊认知超图层次聚类流程图

比如在一个社区中包含有三个成员——网络中发生的三件事情（棒球比赛，世界杯，NBA），很明显这三个成员都与球结缘才进入了一个社区，若要知道三个成员之间产生了多大的联系，只需要看一下它们对三件事情的关注度如何。这分三种情况：第一种情况，三个成员中每个成员都关注三种事情。这种可以表示为每一个成员都关注棒球、世界杯、NBA 的比赛现况，可以表示为图 9.3 中的（a），这种情况下三个成员的联系最密切；第二种情况，每个成员只是关心三件事情中的一件事情，如图 9.3 中的（b），这种情况下三个成员的联系最差，最极端的情况如图 9.3（b）所表示的每个成员之间都没有交流；第三种情况可表示为图 9.3 中的（c），这种情况是其中的每两个成员同时关注三件事情中的两件相同的事情，两两之间是有交集的。

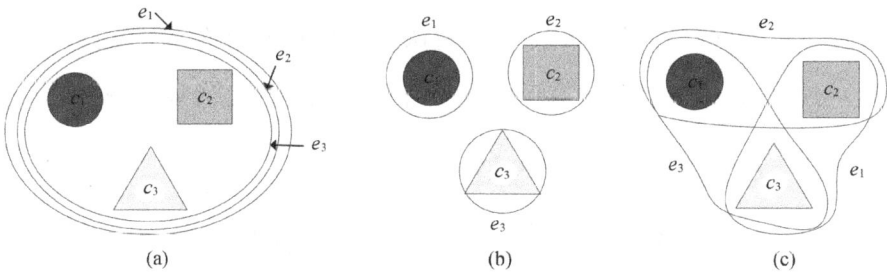

图 9.3 节点与超边的相关性

那么，在上述情况中，这个社区的聚类树划分密度 DC 可以用公式 5-8 来表示。

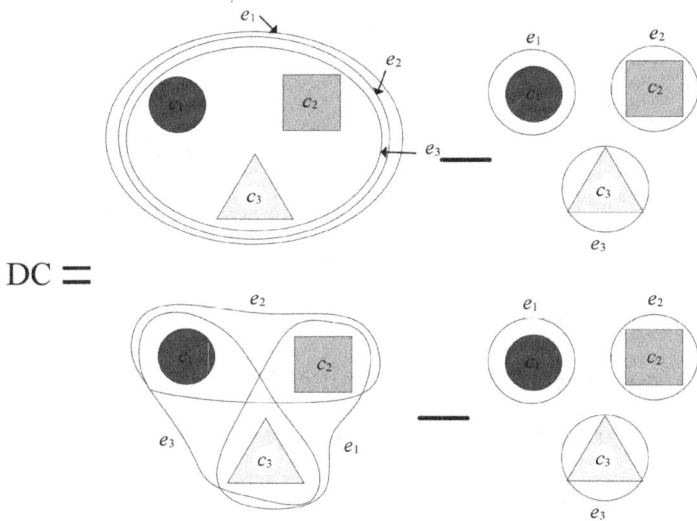

$$DC =$$

图 9.4 一个社区划分密度计算的示意图

对于一个超边来说，超边的密度划分可以通过上述过程求出，而计算出社区中成员之间的相似密度，也就可以计算整个社区的密度。整个聚类的平均划分密度，在现实意义上，也就是社区的平均密度，称为整体划分密度，其计算公式如（9-1）所示：

$$D = \frac{\sum\limits_{i=1}^{k} Dc_i}{k} \tag{9-1}$$

在公式（9-1）中，k 表示模糊认知超图中存在的聚类超边条数为 k 条，Dc_i 表示在所有聚类超边中第 i 条聚类超边的划分密度。

9.2　社区节点质量评估

本实验所采用的数据是 Zachary 柔道俱乐部成员关系网络数据，该数据来源于"数据堂：科研数据共享平台"。Zachary 俱乐部网络是一个实际存在的社团网络，该俱乐部网络调查了美国柔道俱乐部中，几乎所有成员之间的社会关系，并基于这些数据构建了一个庞大的社会关系网络。在该社会网络中，每一个概念节点表示的是某个俱乐部中的一名成员，而节点间的连接边表示这两个成员或多个成员经常同时出现在俱乐部之外的同一场所，也就是说，他们这几个成员有可能是一起赴约的朋友。

该数据来源包含俱乐部成员及其成员参与的 24 种社会事件的数据。因为网络中的点都是异质的，对于关键点的评估就不能采用顶点度、中介数来完成。采用模糊认知超图模型对俱乐部拥有的成员之间的关系网络进行建模时，模型中的一个顶点表示一名某俱乐部内的成员，超边表示成员之间存在共同的活动。

在本实验中，概念节点属性选取两种，一个是俱乐部成员所参加的活动数目，另一个是该成员所能联系到的其他成员的数目，这两个属性值对网络中的推理过程和分解都会起到相应的影响。

为了计算简单，本书中将参与活动记为 1，没有参与活动记为 0，成员关系网络利用模糊认知超图表示的关联矩阵如下：

$$
B=\begin{bmatrix}
1 & 1 & 1 & 1 & 0 & 1 & 0 & 0 & 1 & 1 & 0 & 1 & 1 & 1 & 1 & 0 & 0 & 1 & 1 & 0 & 0 & 1 & 1 & 1 \\
1 & 0 & 1 & 1 & 0 & 1 & 0 & 0 & 1 & 1 & 0 & 1 & 1 & 0 & 1 & 0 & 0 & 1 & 1 & 0 & 0 & 1 & 1 & 0 \\
0 & 1 & 0 & 1 & 0 & 0 & 0 & 0 & 1 & 1 & 0 & 1 & 0 & 1 & 0 & 0 & 0 & 0 & 1 & 1 & 0 & 1 & 0 & 1 \\
0 & 0 & 1 & 0 & 0 & 1 & 0 & 1 & 0 & 1 & 0 & 0 & 1 & 0 & 0 & 1 & 0 & 1 & 0 & 0 & 0 & 0 & 0 & 0 \\
0 & 1 & 0 & 1 & 1 & 0 & 1 & 0 & 0 & 0 & 1 & 1 & 0 & 1 & 0 & 0 & 0 & 1 & 0 & 0 & 0 & 1 & 0 & 1 \\
1 & 1 & 0 & 1 & 1 & 0 & 0 & 0 & 1 & 0 & 0 & 0 & 1 & 0 & 1 & 0 & 1 & 1 & 1 & 0 & 0 & 0 & 0 & 0 \\
1 & 0 & 1 & 1 & 0 & 0 & 0 & 1 & 1 & 0 & 1 & 1 & 0 & 1 & 0 & 0 & 1 & 0 & 1 & 1 & 0 & 1 & 0 & 1 \\
0 & 0 & 1 & 0 & 0 & 1 & 0 & 1 & 0 & 1 & 0 & 0 & 1 & 0 & 0 & 1 & 0 & 1 & 0 & 1 & 0 & 0 & 0 & 0 \\
0 & 1 & 1 & 1 & 0 & 0 & 0 & 1 & 1 & 0 & 1 & 1 & 0 & 0 & 0 & 1 & 1 & 0 & 1 & 1 & 0 & 1 & 1 & 1 \\
0 & 0 & 1 & 1 & 0 & 0 & 1 & 1 & 0 & 1 & 0 & 0 & 1 & 1 & 0 & 0 & 1 & 1 & 0 & 0 & 1 & 1 & 1 & 0 \\
0 & 1 & 0 & 1 & 0 & 0 & 0 & 0 & 1 & 1 & 0 & 1 & 0 & 1 & 0 & 0 & 0 & 0 & 1 & 1 & 0 & 1 & 0 & 1 \\
0 & 0 & 1 & 0 & 0 & 1 & 0 & 1 & 0 & 1 & 0 & 0 & 1 & 0 & 1 & 0 & 1 & 0 & 1 & 0 & 0 & 0 & 0 & 0 \\
0 & 1 & 0 & 1 & 1 & 0 & 1 & 0 & 0 & 0 & 1 & 1 & 0 & 1 & 0 & 0 & 0 & 1 & 0 & 0 & 0 & 1 & 0 & 1 \\
1 & 1 & 0 & 1 & 1 & 0 & 0 & 0 & 1 & 0 & 0 & 0 & 1 & 0 & 1 & 0 & 1 & 1 & 1 & 0 & 0 & 0 & 0 & 0 \\
1 & 0 & 1 & 1 & 0 & 0 & 0 & 1 & 1 & 0 & 1 & 1 & 0 & 1 & 0 & 0 & 1 & 0 & 1 & 1 & 0 & 1 & 0 & 1 \\
0 & 0 & 1 & 0 & 0 & 1 & 0 & 1 & 0 & 1 & 0 & 0 & 1 & 0 & 0 & 1 & 0 & 1 & 0 & 0 & 0 & 0 & 0 & 0 \\
1 & 1 & 1 & 1 & 0 & 0 & 0 & 1 & 1 & 0 & 1 & 1 & 0 & 0 & 0 & 1 & 1 & 0 & 1 & 1 & 0 & 1 & 1 & 1 \\
1 & 0 & 1 & 1 & 0 & 0 & 1 & 1 & 0 & 1 & 0 & 0 & 1 & 1 & 0 & 0 & 1 & 1 & 0 & 0 & 1 & 1 & 1 & 0 \\
0 & 1 & 0 & 1 & 0 & 0 & 0 & 0 & 1 & 1 & 0 & 1 & 0 & 1 & 0 & 0 & 0 & 0 & 1 & 1 & 0 & 1 & 0 & 1 \\
0 & 0 & 1 & 0 & 0 & 1 & 0 & 1 & 0 & 1 & 0 & 0 & 1 & 0 & 1 & 0 & 1 & 0 & 1 & 0 & 0 & 0 & 0 & 0 \\
0 & 1 & 0 & 1 & 1 & 0 & 1 & 0 & 0 & 0 & 1 & 1 & 0 & 1 & 0 & 0 & 0 & 1 & 0 & 0 & 0 & 1 & 0 & 1 \\
1 & 1 & 0 & 1 & 1 & 0 & 0 & 0 & 1 & 0 & 0 & 0 & 1 & 0 & 1 & 0 & 1 & 1 & 1 & 0 & 0 & 0 & 0 & 0 \\
1 & 0 & 1 & 1 & 0 & 0 & 0 & 1 & 1 & 0 & 1 & 1 & 0 & 1 & 0 & 0 & 1 & 0 & 1 & 1 & 0 & 1 & 0 & 1 \\
0 & 0 & 1 & 0 & 0 & 1 & 0 & 1 & 0 & 1 & 0 & 0 & 1 & 0 & 1 & 0 & 1 & 0 & 1 & 0 & 1 & 0 & 0 & 0 \\
\end{bmatrix}
$$

在对每个顶点的质量计算过程中，首先需要预处理概念节点拥有的属性，然后需要归一化节点的属性，属性归一化处理的方法如公式

（8-14）所示，投影规则函数的构建方法如公式（8-16）所示，通过 RAGA 算法，即可最终获得每个顶点的质量。

在实际实验中，种群的初始规模被选定为 600，种群的交叉概率设置为 0.85，变异概率设定为 0.3，最终所需获得的优秀个体数目设置为 28，则此时所能获得的顶点质量结果如下：

$$m = [0.8531 \ 0.6795 \ 1.3135 \ 1.2351 \ 1.0987 \ 0.7710 \ 0.7276 \ 0.4374$$
$$0.9623 \ 1.1196 \ 0.8680 \ 0.5534 \ 0.4523 \ 0.5698 \ 1.4125 \ 0.3345$$
$$0.7632 \ 0.9180 \ 0.5724 \ 0.8523 \ 0.5998 \ 1.1125 \ 0.7845 \ 0.8232]$$

计算得到的影响因子与势熵的变化曲线如图 9.5 所示。

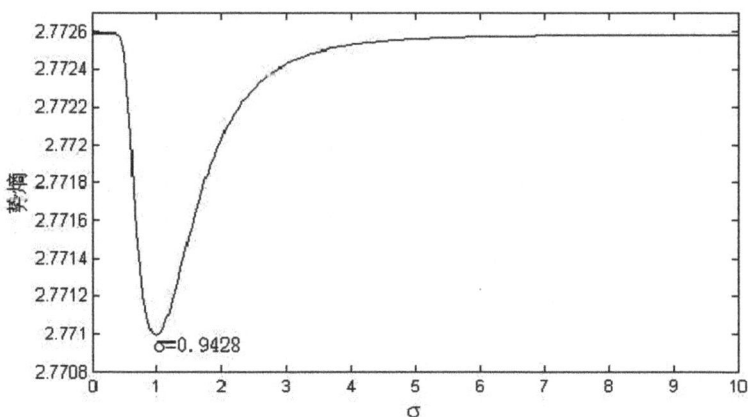

图 9.5　影响因子与势熵的关系变化曲线

在图 9.5 所示的影响因子和势熵的计算实验中，求解最小势熵的过程中，势函数的影响因子被取值为 $\sigma = 0.9132$，根据相互作用力程计算公式 $\frac{3}{\sqrt{2}}\sigma$ 可得顶点之间的相互作用力程为 2，由此可得，顶点的辐射距离为 2。

根据 PRA 方法分析各个节点删除后的网络势的变化，如图 9.6 所示。

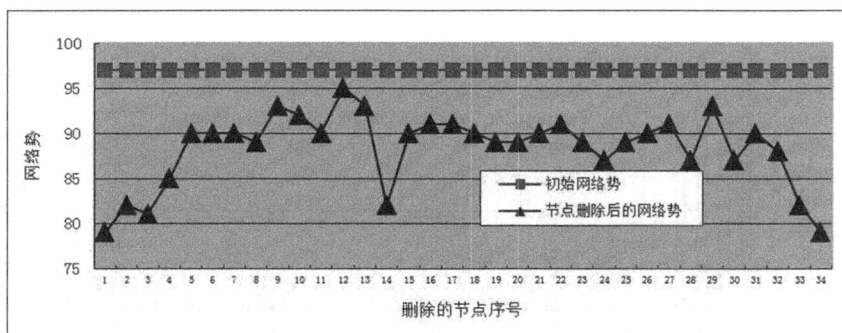

图 9.6　各节点删除后网络势的变化

从图可以得出点 1，2，3，14，33，34 最重要。在本实验的分析中因为有异质点的存在，也就是成员和活动都存在的情况。如果只是考虑每个成员与其他成员一起参与过活动就算两个人之间有联系，而不考虑每个成员参加的所有活动，网络中每个成员将按照其自身的节点度进行排序，排序的结果情况如图 9.7 所示。

从图 9.7（a）中可以得知，使用不忽略属性的网络势下降的方法对节点质量评估的结果比仅仅使用节点的度评估节点质量的方法更准确。

因为从图 9.7（b）中可以看出节点 1，2，10，33 的度量是一样的，但是在图中可以看出节点 1，33 比节点 2，10 的位置更重要，因为虽然与这几个节点连接的人数是相同的，但是节点 1，33 参加的活动比 2，10 都多，节点 1，33 交往的范围更大。模糊认知超图中保留节点属性构建的模型与去掉活动信息构建的模型，从实验结果看，基于模糊认知超图的节点质量评估的方法对社会网络中的关键点的挖掘得到的结果更准确。

在计算过程中需要考虑三个方面的时间复杂度：计算节点质量的复杂度，计算辐射距离的复杂度，计算影响因子的复杂度。在计算节

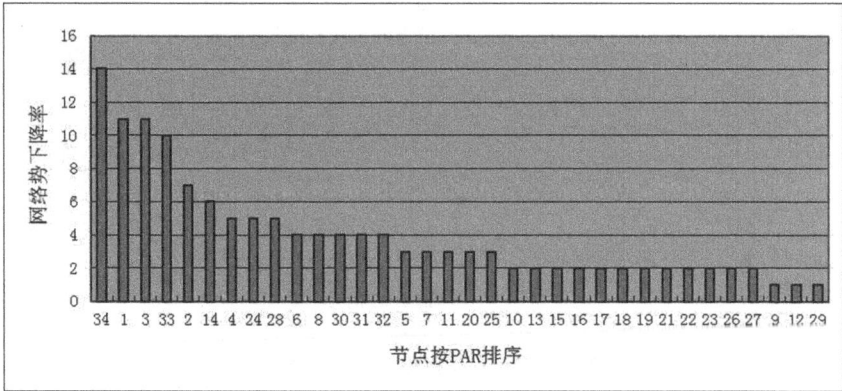

（a）网络势下降率递减的节点PAR排序

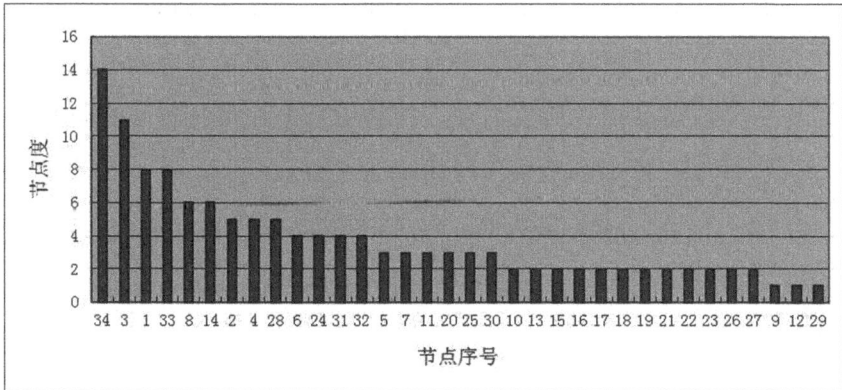

（b）节点序号按节点度排序结果

图 9.7　两种方法的节点排序

点质量时，是通过 RAGA 算法进行计算的，考虑到多属性投影的计算，时间复杂度与节点的属性有关。辐射距离的计算是计算模糊认知超图最短路径的过程，本节使用 Folyd 算法推广实现的，其时间复杂度为 $O(n^3)$。影响因子的求解复杂度是基于势熵的，其时间复杂度为 $O(n^2)$。可以看出在整个计算过程中求辐射距离的时间是最长的，所以整个求解过程的时间复杂度为 $O(n^3)$。

实验结果表明，基于网络势下降的评估，对于评估网络节点质量来说是有效的，但是这种算法的时间复杂度高。

9.3 社区发现实例分析

本节将上一节所阐述的层次聚类算法，以社团结构已知的实际网络作为实验对象，以揭示该层次聚类方法的有效性，并将层次聚类方法有针对性地应用于标准测试网络的社区结构发现中。本节的最后，还将本章中提出的层次聚类方法与三种基于模块度的社团分析的著名方法作为基本方法与层次聚类进行比较，它们分别是 EigenMod、DeigenMod（EigenMod 的扩展方法）和 FastMod 方法、其中前两种由 Newman 提出，第三种由 Blondel 提出。实际上，其他的基于模块度的方法也可以作为基本算法进行比较，如随机算法 ASMod 等。本节选择上述三种方法的原则是充分考虑这些算法的效率和准确性。

9.3.1 柔道俱乐部网络

这个网络（Karate Club Network）是由 W. W. Zachary 构建的一个著名的实际社团网络。已被作为评价社团分析方法的标准网络广泛采用，这里将直接给出层次聚类算法在这个网络上的分析结果。

对于社区发现的聚类算法有很多种，比如文献[116]提出的基于超边的分割算法 HMETIS，HMETIS 有四个评价指标用来对社区网络中的聚类质量进行评价——超边截、规模损耗、外部度和及吸收，其目标为实现前三个指标的最小值以及吸收的最大化。

在实验中使用的是柔道俱乐部网络，这是一个实际的社团网络，由 W. W. Zachary 构建的，是一个标准的用来评价社团发现的网络，将聚类分层算法的结果直接标注在网络上。在俱乐部网络中节点代表 Karate Club 中 34 个成员，节点之间的关系可以用边来表示。

在多数的社区发现算法中将这个网络分成两个或者更多个部分，在划分的过程中都潜在地去掉了一些边，这些边可能包含很多重要的信息。

使用 HMETIS 的方法对四个评价指标计算，可得到的结果如表 9.1 所示。

表 9.1   HMETIS 四个指标计算结果

簇数	超边截	规模损耗	外部度和	吸收
2	4	0.0398	8	33
3	5	0.0427	10	30
4	7	0.0459	14	29
5	9	0.0485	15	27
6	10	0. 0632	20	24

在上面四个指标的对比过程中可以看出 HMETIS 方法对于俱乐部网络划分时，最佳的划分聚类为 2 类，图 9.8 和图 9.9 是用 HMETIS 方法和本书提出的层次聚类的方法进行的结果对比。

从图 9.8 中可以看出，两种方法都发现了节点 1 和节点 34 为社团领导者，真实数据中节点 1 为社区的教练，节点 34 为社区的主任。两种方法都将网络划分成两个社区，但是层次聚类的方法比 HMETIS 方法更优越，图 9.8 中 HMETIS 方法将节点 25，29，32 与红色标注的区域 3，14，20 连接起来，很明显 25，29，32 与左边红色聚类点是没有关系的。

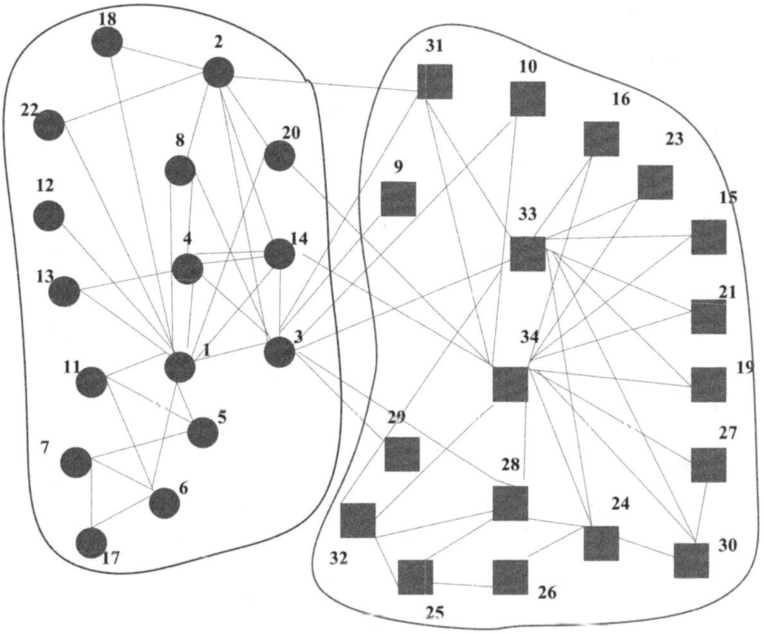

图 9.8　HMETIS 方法的结果

层次聚类算法可以表示一个节点隶属于多个社区，其执行的结果如图 9.9 所示，图中可以看出节点 5，6，7，11 都与节点 1 联系更密切，本书提出的算法不仅把连接紧密的节点划分成一类，而且如果允许节点属于两部分的话，将节点 1，5，6，7，11，17 划分成一个完整的社区，会更加合理。这个社区可以看出是俱乐部中一个联系更加紧密的团体。这个团体在图 9.9 中用虚线的椭圆标识出来。

在计算的过程中 HMETIS 方法在完成两类密度划分时，其结果为 0.1257，但是本书使用的划分密度的方法运行结果为 0.1543，HMETIS 方法要高，也就是每个社区中的关系更加紧密。可见本书提出的方法所获得的结果表示的连接程度比 HMETIS 方法要高。此外，本书采用的凝聚层次聚类方法，其密度划分的变化曲线如图 9.10 所示。

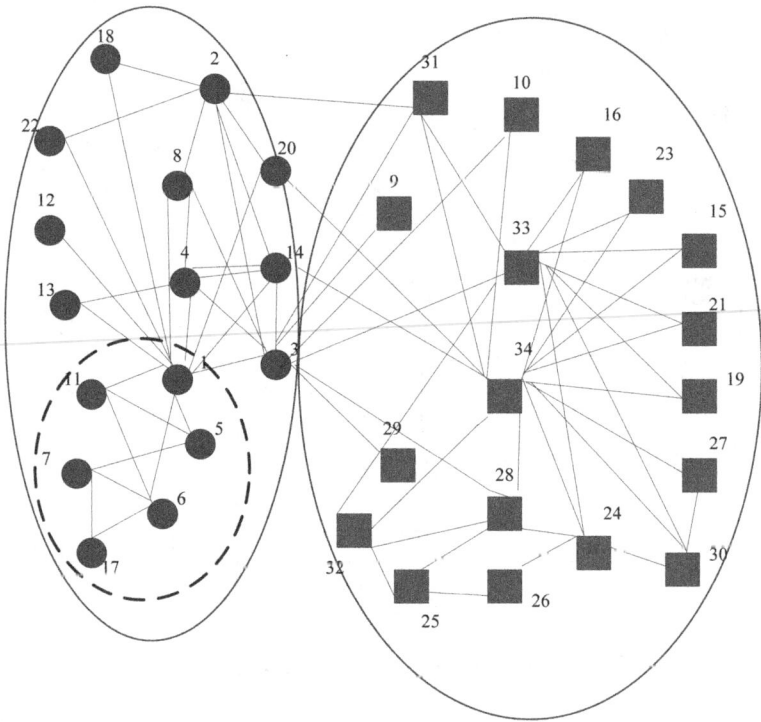

图 9.9　层次方法的结果

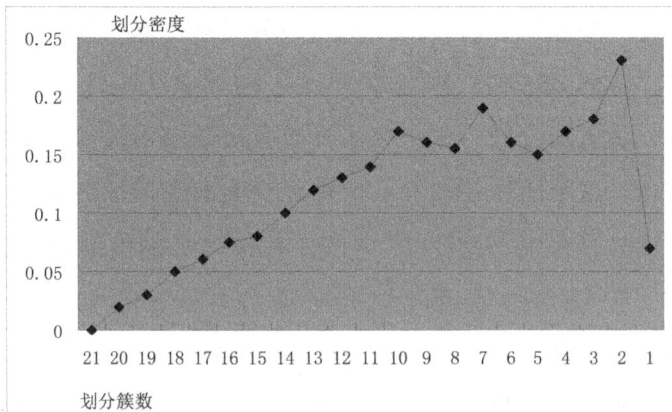

图 9.10　层次聚类密度划分变化曲线

9.3.2 算法复杂度分析

（1）超边相似性计算，在这个过程中需要对超边 e 的引入节点进行定位，计算出引入节点的相邻节点集合，这个计算过程中的时间复杂度为 $O(mn)$，在相似度计算算法 $Similarity$ () 遍历是一个重要的过程，首先遍历隶属度数组 L 中的每一个元素，其次遍历 S 中的每一个元素，考虑到最极端的情况就是将所有的元素都遍历一遍，这种情况下的复杂度为 $m+m(m-1)/2$。

（2）在聚合每一条边的过程中，时间主要花费在对于矩阵 B_n，S_n 和隶属数组 L 的更新过程中，最极端的情况是对矩阵 S_n 和隶属数组 L 中的每一个元素都进行了更新，这时的复杂度分别为 n 和 m，所以在整个超边聚合过程中的复杂度为 $O(2n+m)$。

（3）在对聚类树密度划分过程中，时间花费主要集中在对每一条超边的聚类以及对聚合超边中节点数目的计算，这一步时间复杂度为 $O(mn+n^2)$，在对 B_n，L 和 S_n 初始化的过程中需要的时间复杂度为 $O(n^2)$，考虑极端情况，寻找最大密度划分，时间复杂度为 n。

从上面的三方面来看整个算法的时间复杂度为 $O(n^3m)$，$O(n^3m)$ 是一个多项式，从整个聚类的过程来看，算法的时间复杂度主要集中在相似度计算和遍历整个过程中，由此可知超边数决定时间的复杂度。

第十章
总结和展望

本书在分析了模糊认知图的研究现状与存在的问题的基础上提出了模糊认知超图模型，并且从模型的推理机制、性质，超节点的质量评估以及应用方面对模糊认知超图做了比较全面的研究。本书的研究内容总结如下：

1. 在模糊认知超图模型中，对模糊认知超图的知识表示、推理机制的推理过程进行了详细的介绍，指出因果关系在模糊认知超图中通过超边来表示，超边为概念节点之间的关系；针对这种关系进一步研究了系统的动态行为，整个网络的演化过程是通过节点之间的相互作用米模拟的，相互作用的过程说明推理过程是前向节点作用于后向节点的因果影响传递完成的。

2. 在模糊认知超图的推理机制研究中，利用邻接矩阵和可达矩阵运算来研究模糊认知超图中概念节点之间的因果影响关系传递过程，并且提出了概念节点之间的因果影响关系的度量方法，以因果影响关系为基础提出了模糊认知超图的因果链求解算法，针对大型复杂的模糊认知超图，提出了一种基于强连通的图分解算法。为弥补强连通算法的局限性，提出了一种基于频繁项集的分解方法，通过对这两种分解方法的结合，实现对各种类型的模糊认知超图结构的分解。

3. 在模糊认知超图的基础上引入了数据场理论，并使用数据场理论对模糊认知超图节点重要性进行评价，提出一种基于势下降方法的网络中概念节点重要性的评估方法。模糊认知超图可以表示节点的多种属性，该评估算法使用投影的方法将节点的多种属性投影到一个节点的综合属性上，通过质量函数计算获得节点的质量，基于模糊认知超图因果链求得最短路径，即为辐射距离。

4. 在模糊认知超图的基础上，提出了一种基于模糊认知超图的层次聚类的算法用于社会网络的社区发现。该算法过程中包含了三个数据处理过程，依次是超边相似性计算、超边聚合以及密度划分计算。在针对模糊认知超图的分解过程中，将分解问题转换为解组合优化问题，通过组合优化算法，将模糊认知超图分割为多个相对独立的子图。实验结果表明，该算法不仅对于普通的社区发现有效，并且可以发现社区中的重叠部分，为社会网络中社区发现的研究提供了有效的价值。

本书所进行的研究，仍旧存在诸多不足。可预期的下一步工作及工作展望可以描述如下：

（1）对模糊认知超图的结构构建使用的大多数还是专家知识。面对越来越复杂的系统，需研究模糊认知超图基于数据的自动构建方法。

（2）在模糊认知图的学习算法的基础上探索模糊认知超图的学习算法，借助于自学习机制提出模糊认知超图的学习算法，将模糊认知超图与神经网络相结合用于分类和预测，提高模糊认知超图对于世界的模拟能力。

（3）在模糊认知超图的节点质量评估算法中，对模糊认知超图中的节点间最短路径算法的优化。在模糊认知超图的层次聚类模型中没有考虑节点属性与超边属性，并且对模糊认知超图中的模糊加权的情况没有涉猎，因此对于模糊加权方面的研究也将是后面研究工作的重点。

| 参考文献 |

［1］Martin Kilduff，Wenpin Tsai. Social Networks and Organizations ［M］. SAGE Publications，2003，13－14.

［2］王志平，王众托. 超网络理论及其应用 ［J］. 科学出版社，2008，4－13.

［3］Kosko，B，et al. Fuzzy cognitive maps. Int. J. Man Mach. Stud，1986，24，65－75.

［4］Salmeron，J. L，et al. Supporting decision makers with fuzzy cognitive maps. Research-Technology Management，2009，52（3）：53－59.

［5］Salmeron，J. L，Vidal，R，Mena，A，et al. Ranking fuzzy cognitive map based scenarios with TOPSIS. Expert Systems with Applications，2012，39（3）：2443－2450.

［6］Acampora，G.，Loia，V. et al. On the temporal granularity in fuzzy cognitive maps. IEEE Transactions on Fuzzy Systems，2011，19（6）：1040－1057.

［7］Stylios，C. D.，Groumpos，P. P，et al. Modeling complex systems using fuzzy cognitive maps. IEEE Trans. Syst. Man Cybern. 2004，34（1）：155－162.

[8] 宋洁，张红，李芳. 基于 FCM 的煤矿区生态系统环境险分析研究. 人口资源与环境，2010，20（3）：142—145.

[9] Salmeron，J. L.，Papageorgiou，E. I，et al. A fuzzy grey cognitive maps-based decision support system for radiotherapy treatment planning. Knowledge-Based Systems，2012，30（1）：151—160.

[10] 陈友玲，胡春花，彭锦文. 基于 FCM 的企业供应链绩效动态评价方法研究. 计算机应用研究，2011，28（1）：185—188.

[11] 熊中楷，耿丽娟，聂佳佳. 基于 FCM 的逆物流供应商评估建模和算法. 管理工程学报，2011. 25（1）：34—39.

[12] Xirogiannis，G.，Glykas，M. et al. Fuzzy cognitive maps in business analysis and performance-driven change. IEEE Transactions on Engineering Management，2004，51（3）：334—351.

[13] Lopez，C.，Salmeron，J. L. et al. Dynamic risks modelling in ERP maintenance projects with FCM. Information Sciences，2014，256（1）：25—45.

[14] 苏宪程，白海威，黄志国. 基于模糊认知图理论分析空间态势. 现代防御技术，2011，39（2）：99—103.

[15] Papageorgiou，E. I.，Kontogianni，A. et al. Using fuzzy cognitive mapping in environmental decision making and management：a methodological primer and an application，in book：International Perspectives on Global Environmental Change，Eds：Stephen S. Young and Steven E. Silvern，2012，427—450.

[16] 刘玉青，张金隆. 基于模糊认知影响图的移动商务投资风险分析. 情报杂志，2010，29（12）：89—93.

［17］ Andreou，A. S.，Mateou，N. H.，Zombanakis，G. A. et al. Soft computing for crisis management and political decision making：the use of genetically evolved fuzzy cognitive maps. Soft Computing，2005，9（3）：194－210.

［18］ B Kosko. Fuzzy systems as universal approximators. IEEE International Conference on Fuzzy Systems，1992，43（11）：1153－1162.

［19］ 骆祥峰，高隽，张旭东. 基于信任知识库的概率模糊认知图. 计算机研究与发展，2003，40（7）：925－933.

［20］ 陈庄，阿里·蒙特瑟密. 基于数据资源的认知图挖掘方法. 计算机学报，2007，30（8）：1446－1454.

［21］ E. I. Papageorgiou，P. P. Spyridonos，D. Th. Glotsos，C. D. Stylios，P. Ravazoula，G. N. Nikiforidis，P. P. Groumpos. Brain tumor characterization using the soft computing technique of fuzzy cognitive maps. Applied Soft Computing，2008，8：820－828.

［22］ E. I. Papageorgiou，G. Georgoulas，C. D. Stylios，G. N. Nikiforidis，P. P. Groumpos. Combining Fuzzy Cognitive Maps with Support Vector Machines for Bladder Tumor Grading. Applied Soft Computing，2008，8（1）：820－828.

［23］ G. A. Papakostas，Y. S. Boutalis，D. E. Koulouriotis，B. G. Mertzios. A first study of pattern classification using fuzzy cognitive maps. In：Proc. of Int. Conf. Syst. ，Signals Image Process，2006：369－374.

［24］ B. Yang，Z. Peng. A new construction of classification based on asymmetrical fuzzy cognitive map. In: Proc. of the 2008 international conference on data mining, 2008, 1: 328—332.

[25] A. S. Andreou, N. H. Mateou, and G. Zombanakis et al. The Cyprus puzzle and the Greek-Turkish arms race: Forecasting developments using genetically evolved fuzzy cognitive maps. Defence & Peace Economics, 2003, 14 (4): 293—310.

[26] A. S. Andreou, N. H. Mateou, and G. A. Zombanakis et al. Soft computing for crisis management and political decision making: The use of genetically evolved fuzzy cognitive maps. Soft Computing, 2006, 9 (3): 194—210.

[27] G. Acampora and V. Loia et al. A dynamical cognitive multi-agent system for enhancing ambient intelligence scenarios. IEEE International Conference on Fuzzy Systems, 2009: 770—777.

[28] V. C. Georgopoulos, G. A. Malandraki, and C. D. Stylios et al. A fuzzy cognitive map approach to deferential diagnosis of specific language impairment. Artificial Intelligence in Medicine, 2003, 29 (3): 261—278.

[29] E. I. Papageorgiou, P. Spyridonos, P. Ravazoula, C. D. Stylios, P. P. Groumpos, and G. Nikiforidis, et al. Advanced soft computing diagnosis method for tumor grading. Artificial Intelligence in Medicine, 2006, 36 (1): 59—70.

[30] E. I. Papageorgiou, N. I. Papandrianos, G. Karagianni, G. Kyriazopoulos, and D. Sfyras et al. A fuzzy cognitive map based tool for prediction of infectious diseases, in Proc. Int. Conf. Fuzzy Syst. Korea, Jeju Island: IEEE Press, 2009: 2094 —

2099.

[31] E. I. Papageorgiou, C. Papadimitriou, and S. Karkanis et al. Management of uncomplicated urinary tract infections using fuzzy cognitive maps, in The 9th International Conference on Information Technology and Applications in Biomedicine, 2009, Larnaca: IEEE Press, 2009: 1－4.

[32] Papageorgiou EI, Jayashree Subramanian, Karmegam A, Papandrianos N et al. A risk management model for familial breast cancer: A new application using Fuzzy Cognitive Map method. Computer Methods and Programs in Biomedicine, 2015, 122 (2): 123－135.

[33] Jayashree Subramanian, Akila Karmegam, Elpiniki Papageorgiou, Nikolaos Papandrianos, A. Vasukie et al. An integrated breast cancer risk assessment and management model based on fuzzy cognitive maps, COMM. Computer Methods and Programs in Biomedicine, 2015, 118 (3): 280－297.

[34] Nassim Doualil, Elpiniki I Papageorgiou, Jos De Roo, Hans Cools et al. Clinical Decision Support System based on Fuzzy Cognitive Maps. Journal of Computer Science & Systems Biology, 2015: 112－120.

[35] A. Amirkhani, M. R, Mosavi, F. Mohammadizadeh, S. B. Shokouhi et al. Classification of Intraductal Breast Lesions Based on the Fuzzy Cognitive Map. Arabian Journal Forence & Engineering, 2014, 39 (5): 3723－3732.

[36] G. Nápoles, I. Grau, R. Bello, R. Grau et al. Two-steps learning

of Fuzzy Cognitive Maps for prediction and knowledge discovery on the HIV—1 drug resistance. Expert Systems with Applications, 2014, 41: 821—830.

[37] W. Froelich and A. Wakulicz-Deja et al. Mining temporal medical data using adaptive fuzzy cognitive maps, in The 2th International Conference on Human System Interactions, 2009, Catania: IEEE Press, 2009: 16—23.

[38] V. Rodin, G. Querrec, P. Ballet, F. Bataille, G. Desmeulles, and J. —F. Abgrall et al. Multi-agents system to model cell signaling by using fuzzy cognitive maps application to computer simulation of multiple myeloma, in The 9th International Conference on Bioinformatics and Bioengineering, 2009, Taichung: IEEE Press, 2009: 236—241.

[39] Nassim Doualil, Elpiniki I Papageorgiou, Jos De Roo, Hans Cools et al. Clinical Decision Support System based on Fuzzy Cognitive Maps. Journal of Computer Science & Systems Biology, 2015: 112—120.

[40] C. D. Stylios and P. P. Groumpos, et al. Modeling complex systems using fuzzy cognitive maps. IEEE Transactions on Systems, Man, and Cybernetics: Systems, 2004, 34 (1): 155—162.

[41] T. L. Kottas, Y. S. Boutalis, and M. A. Christodoulou, et al. Fuzzy cognitive networks: A general framework, Intelligent Decision Technologies, 2007, 1 (4): 183—196.

[42] P. Beeson, J. Modayil, and B. Kuipers, et al. Factoring the mapping problem: Mobile robot map-building in the hybrid spa-

tial semantic hierarchy. International Journal of Robotics Research, 2010, 29 (4): 428—459.

[43] A. J. M. Jetter, et al. Fuzzy cognitive maps in engineering and technology management: What works in practice?. Technology Management for the Global Future, 2006, 2: 498—512.

[44] D. Yaman and S. Polat, et al. A fuzzy cognitive map approach for effect based operations: An illustrative case. Information Sciences, 2009, 179 (4): 382—403.

[45] M. —C. Kim, C. O. Kim, S. R Hong, and I. —H. Kwon, et al. Forward-backward analysis of RFID-enabled supply chain using fuzzy cognitive map and genetic algorithm. Expert Systems with Applications, 2008, 35 (3): 1166—1176.

[46] A. J. C. Trappey, C. V. Trappey, and C. —R. Wub, et al. Genetic algorithm dynamic performance evaluation for RFID reverse logistic management. Expert Systems with Applications, 2010, 37 (11): 7329—7335.

[47] A. Baykasoglu, Z. D. U. Durmusoglu, and V. Kaplanoglu, et al. Training fuzzy cognitive maps via extended great deluge algorithm with applications. Computers in Industry, 2011, 62 (2): 187—195.

[48] B. Lazzerini and M. Lusine, et al. Risk analysis using extended fuzzy cognitive maps, in Proc. Int. Conf. Intell. Comput. Cognit. Informat, 2010: 179—182.

[49] Ahmadi, Sadra, Yeh, Chung-Hsing, Papageorgiou, Elpiniki, Martin, Rodney. et al. An FCM-FAHP approach for managing

readiness-relevant activities for ERP implementation. Computers and Industrial Engineering，2015，88：501－517.

[50] M. Bertolini and M. Bevilacqua，et al. Fuzzy cognitive maps for human reliability analysis in production systems. Springer Berlin Heidelberg Publishers，2010，381－415.

[51] C. Lo Storto，et al. Assessing ambiguity tolerance in staffing software development teams by analyzing cognitive maps of engineers and technical managers，in Proc. 2nd Int. Conf. Eng. Syst. Manage. Appl. ，Apr. 2010，1－6.

[52] Rosario Vidal，Jose L. Salmeron，Angel Mena，Vicente Chulvi. et al. Fuzzy Cognitive Map-based selection of TRIZ（Theory of Inventive Problem Solving）trends for eco-innovation of ceramic industry products. Journal of Cleaner Production，2015，107：202－214.

[53] G. Pajares，et al. Fuzzy cognitive maps applied to computer vision tasks. Springer Berlin Heidelberg Publishers，2010，247：259－289.

[54] M. van Vliet，K. Kok，and T. Veldkamp，et al. Linking stakeholders and modellers in scenario studies：The use of fuzzy cognitive maps as a communication and learning tool. Futures，2010，42（2010）：1－14.

[55] C. O. Tan and U. Ozesmi，et al. A generic shallowlake ecosystem model based on collective expert knowledge. Hydrobiologia，2006，563（1）：125－142.

[56] L. S. Jayashree，Nidhil Palakkal，Elpiniki I. Papageorgiou，

Konstantinos Papageorgiou. et al. Application of fuzzy cognitive maps in precision agriculture: a case study on coconut yield management of Southern India's Malabar region. Neural Computing and Applications 2015, 26 (8): 1963—1978.

[57] T. Rajaram and A. Das, et al. Modeling of interactions among sustainability components of an agro-ecosystem using local knowledge through cognitive mapping and fuzzy inference system. Expert Systems with Applications, 2010, 37 (2): 1734—1744.

[58] A. Kafetzis, N. McRoberts, and I. Mouratiadou, et al. Using fuzzy cognitive maps to support the analysis of stakeholders' views of water resource use and water quality policy. Studies in Fuzziness & Soft Computing, 2010, 247: 383—402.

[59] X. Lai, Y. Zhou, and W. Zhang, et al. Software usability improvement: modeling, training and relativity analysis. Springer Berlin Heidelberg, 2013, 444 (10): 281—298.

[60] W. Froelich and A. Wakulicz-Deja, et al. Mining temporal medical data using adaptive fuzzy cognitive maps. Conference on Human System Interactions, 2009: 16—23.

[61] G. A. Papakostas, Y. S. Boutalis, D. E. Koulouriotis, and B. G. Mertzios, et al. Fuzzy cognitive maps for pattern recognition applications. International Journal of Pattern Recognition and Artificial Intelligence, 2011, 22 (8): 1461—1486.

[62] A. L. Laureano-Cruces, J. Ram'ırez-Rodr'ıguez, and A. Ter'an-Gilmore, et al. Evaluation of the teaching-learning process with fuzzy cognitive maps. Springer Berlin Heidelberg, 2004, 3315:

922－931．

[63] R. L. Pacheco，R. Carlson，and L. H. et al. Martins-Pacheco，
Engineering education assessment system using fuzzy cognitive
maps，in Proc. ASEE Annu. Conf.，2004，4867－4881．

[64] 贝尔热 C 著．卜月华，张克民译．超图——有限集的组合学
[M]．东南大学出版社，2002．

[65] 崔阳，杨炳儒．超图在数据挖掘领域中的几个应用 [J]．计算
机科学，2010，37（6）：220－222．

[66] 许小满，孙雨耕，黄汝激．超图理论及其应用 [J]．电子学
报，1994，8（2）：65－72．

[67] 杨炳儒，张德政．超图模型：基于超图的设计模式描述和复用
实现 [J]．计算机工程与应用，2001（13）：46－48．

[68] 罗静，崔伟宏，牛振国．面向对象的超图时空推理模型的研究与
应用 [J]．武汉大学学报．自然科学版，2007，32（1）：90－93．

[69] Jianfang Wang. The Information Hypergraph Theory [M]．
SCIENCE PRESS，2007，5－34．

[70] G. Gallo，G. Longo，S. Nguyen. Directed hypergraph and appli-
cations. Discrete Applied Mathematics，1993，42：177－201．

[71] 黄汝激．超网络的有向 k 超树分析法 [J]．电子科学学刊，
1987，9（3）：244－255．

[72] 孙雪冬，徐晓飞，王刚．基于有向超图的资源约束下企业过程
结构优化 [J]．软件学报，2006，17（1）：59－68．

[73] 杨博，陈志刚．网格任务调度的有向超图划分算法 [J]．系统
仿真学报，2008，20（15）：4112－4117．

[74] 程绩．超图的可平面性算法 [J]．四川文理学院学报，2007

(05)：13—15.

[75] 肖升，何炎祥. 事件超图模型及类型识别 [J]. 中文信息学报，2013，27 (1)：30—38.

[76] Carvalho，J. P. et al. Rule based fuzzy cognitive maps in humanities，social sciences and economics. Springer Berlin Heidelberg，2012，273：289—300.

[77] Salmeron，J. L. et al. Modelling grey uncertainty with fuzzy grey cognitive maps. Expert Systems with Applications，2010，37 (12)：7581—7588.

[78] Papageorgiou，E. I，Salmeron，J. L. et al. A review of fuzzy cognitive maps research during the last decade. IEEE Transactions on Fuzzy Systems，2012，21 (1)：66—79.

[79] Miao，Y，Liu，Z. Q. ，Siew，C. K. ，Miao，C. Y. et al. Dynamical cognitive network：an extension of fuzzy cognitive map. IEEE International Conference on Tools with Artificial Intelligence，1999，9 (5)：760—770.

[80] Aguilar，J. et al. A dynamic fuzzy cognitive map approach based on random neural networks. International Journal of Computational Cognition，2003，91—107.

[81] Boutalis，Y. ，Kottas，T. ，Christodoulou，M. et al. Estimation，adaptive of fuzzy cognitive maps with proven stability and parameter convergence. IEEE Transactions on Fuzzy Systems，2009，17 (4)：874—889.

[82] Hebb，D. O. et al. The Organization of Behavior. New York：Wiley Publishers，1949 Nov. -Dec. ，50 (5—6)：437.

[83] Cai，Y.，Miao，C.，Tan，A. H.，Shen，Z.，Li，B. et al. Creating an immersive game world with evolutionary fuzzy cognitive maps. IEEE Computer Graphics & Applications，2010，30（2）：58—70.

[84] Papageorgiou，E. I.，Froelich，W. et al. Application of evolutionary fuzzy cognitive maps for prediction of pneumonia state. IEEE Transactions on Information Technology in Biomedicine A Publication of the IEEE Engineering in Medicine & Biology Society，2012，16（1）：143—149.

[85] Song，H. J.，Miao，C. Y.，Wuyts，R.，Shen，Z. Q.，D' Hondt，M.，Catthoor，F. et al. An extension to fuzzy cognitive maps for classification and prediction. IEEE Transactions on Fuzzy Systems，2011，19（1）：116—135.

[86] Papageorgiou E I. Learning algorithms for fuzzy cognitive maps-a review study. IEEE Trans. SMC Part C. 2012，42（2）：150—163.

[87] Hebb，D. O. The Organization of Behavior. New York：Wiley Publishers，1949 Nov. -Dec.，50（5—6）：437.

[88] Dickerson J A，Kosko B. Virtual worlds as fuzzy cognitive maps. IEEE Virtual Reality International Symposium，1993，3：471—477.

[89] Huerga A V. A balanced differential learning algorithm in fuzzy cognitive maps. The 16th International Workshop on Qualitative Reasoning，2002.

[90] Papakostas G A，Polydoros A S，Koulouriotis D E，et al.

Training fuzzy cognitive maps by using Hebbian learning algorithms: a comparative study. Medical Physics, 2011, 38 (6): 3353—3360.

[91] Papageorgiou E I, Stylios C D, Groumpos P P, et al. Active Hebbian learning algorithm to train fuzzy cognitive maps. International Journal of Approximate Reasoning, 2004, 37 (3): 219—249.

[92] Stach W, Kurgan L A, Pedrycz W, et al. Data-driven nonlinear Hebbian learning method for fuzzy cognitive maps. IEEE International Conference on Fuzzy Systems, Hong Kong: IEEE Press, 2008: 1975—1981.

[93] Koulouriotis D E, Diakoulakis I E, Emiris D M, et al. Learning fuzzy cognitive maps using evolution strategies: a novel schema for modeling and simulating high-level behavior. Congress on Evolutionary Computation, Seoul: IEEE Press, 2001, 1 (1): 364—371.

[94] Froelich W, Wakulicz-Deja A. Predictive capabilities of adaptive and evolutionary fuzzy cognitive maps: a comparative study. Intelligent Systems for Knowledge Management, Springer Berlin Heidelberg Publishers, 2009, 153—174.

[95] Stach W. Learning and aggregation of fuzzy cognitive maps an evolutionary approach. Ph. D. Dissertation. University of Alberta, 2010.

[96] Papageorgiou E I, Parsopoulos K E, Stylios C D, et al. Fuzzy cognitive maps learning using particle swarm optimization. Journal of Intelligent Information Systems, 2005, 25 (1): 95—121.

[97] Alizadeh S, Ghazanfari M. Learning FCM by chaotic simulated annealing. Chaos Solitons & Fractals, 2009, 41 (41): 1182 – 1190.

[98] Alizadeh S, Ghazanfari M, Jafari M, et al. Learning FCM by Tabu search. International Journal of Computer Science, 2008, 2 (2): 143 – 149.

[99] Luo X, Wei X, Zhang J, et al. Game-based learning model using fuzzy cognitive map. The 2009 ACM International Conference on Multimedia. New York: IEEE Press, 2009: 67 – 76.

[100] Ding Z, Li D, Jia J, et al. First study of fuzzy cognitive map learning using ants colony optimization. Journal of Computational Information Systems, 2011, 7 (13): 4756 – 4763.

[101] Ren Z. Learning fuzzy cognitive maps by a hybrid method using nonlinear Hebbian learning and extended great deluge. The 23rd Midwest Artificial Intelligence and Cognitive Science Conference. New York: IEEE Press, 2008: 1 – 5.

[102] Zhu Y, Zhang W. An integrated framework for learning fuzzy cognitive map using RCGA and NHL algorithm. International Conference on Wireless Communications, Networking and Mobile Computing. Dalian: IEEE Press, 2008: 1 – 5.

[103] Wasseman S., Faust K. Social Network Analysis: Methods and Applications. Cambridge: Cambridge University Press, 1994.

[104] Basu A, Blanning R W. Metagraphs. Int J Mgmt Sci, 1995, 23 (1): 13 – 25.

[105] Basu A, Blanning R W. Metagraphs. A tool for modeling decision

support systems. Manag Sci，1994，40（12）：1579—1600.

［106］ Giorgio Ausiello，Paolo Giulio Franciosa，Daniele Frigioni. Partially dynamic maintenance of minimum weight hyperpaths. Journal of Discrete Algorithms，2005，3：27—46.

［107］ Angelica Lozano，Giovanni Storchi. Shortest viable hyperpath in multimodcl networks. Transportation Research Part B，2002，36：853—874.

［108］ R. Fekri，A. Aliahmadi，M. Fathian. Predicting a model for agile NPD process with fuzzy cognitive map：the case of Iranian manufacturing enterprises. International Journal of Advanced Manufacturing Technology，2009，41：1240—1260.

［109］ G. Banerjee. Fuzzy Cognitive Maps for Identifying Critical Path in Strategic Domains. Defence Science Journal，2009，59：152—161.

［110］ Steinbrunn M，Moerkotte G，Kemper A. Heuristic and Randomized Optimization for the Join Ordering Problem ［J］. The VLDB Journal，1997，6（3）：8—17.

［111］ Yong-Yeol Ahn，James P. Bagrow，Sune Lehmann. Link communities reveal multiscale complexity in networks ［J］. Nature，2010.

［112］ Yong-Yeol Ahn，James P. Bagrow，Sune Lehmann. Link communities reveal multiscale complexity in networks ［J］. Nature，2010.

［113］ 李德毅，杜鹢. 不确定性人工智能 ［M］. 国防工业出版社，2005，193—216.

［114］ 王海英，黄强，李传涛等．图论算法及其 MATLAB 实现 ［M］．北京航空航天大学出版社，2010，12—27.

［115］ Jun Hu, Yanni Han, Jie Hu. Topological potential：Modeling Node Importance with Activity and Local Effect in Complex Networks ［C］. The Second International Conference on Computer Modeling and Simulation，2010，411—415.

［116］ ZACHARY W W. An information flow model for conflict and fission in small groups ［J］. Journal of Anthropological Research，1977，33（4）：452—473.